FACHWISSEN FEUERWEHR

Siekaup

EINSATZ VON MASCHINELLEN ZUGEINRICHTUNGEN

ecomed
SICHERHEIT

Bibliografische Informationen der deutschen Nationalbibliothek

Die Deutsche Nationalbibliothek verzeichnet diese Publikation in der Deutschen Nationalbibliografie; detaillierte bibliografische Daten sind im Internet über http://www.dnb.de abrufbar.

Bei der Herstellung des Werkes haben wir uns zukunftsbewusst für umweltverträgliche und wiederverwertbare Materialien entschieden. Der Inhalt ist auf chlorfrei gebleichtes Papier gedruckt.

Aus Gründen der besseren Lesbarkeit wird in diesem Werk die Sprachform des generischen Maskulinums angewendet. Es wird darauf hingewiesen, dass die ausschließliche Verwendung der männlichen Form geschlechtsunabhängig zu sehen ist.

ISBN 978-3-609-69549-5

E-Mail: kundenservice@ecomed-storck.de

Telefon: 089/2183-7922
Telefax: 089/2183-7620

www.ecomed-storck.de

Titelbilder: Thomas Siekaup

Satz: Fotosatz Pfeifer, 82152 Krailling
Druck: Westermann Druck, Zwickau

Vorwort

Zur Bewältigung von Einsätzen stehen den Feuerwehren verschiedene Fahrzeuge und Geräte zur Verfügung. Unter anderem findet man dort auch maschinelle Zugeinrichtungen, umgangssprachlich auch als Seilwinde bekannt. Ursprünglich gehörten Seilwinden zum Rüstwagen. Aktuell kommen sie aber auch in anderen Feuerwehrfahrzeugen, wie z.B. in Löschfahrzeugen, Gerätewagen, Wechselladerfahrzeugen usw. zum Einsatz.

Die Anwendung einer Seilwinde erfordert präzises Fachwissen und geschulte Fähigkeiten, um die zu erwartenden Aufgaben regelgerecht bewältigen zu können. In den Feuerwehrdienstvorschriften sowie feuerwehrspezifischen Regelwerken und Informationen der Feuerwehrunfallkassen findet man nur lückenhaft die notwendigen Anwendungshinweise. Die aktuelle Fassung FwDV 2 (Ausbildung der Freiwilligen Feuerwehren) gibt keinerlei Hinweise zum notwendigen Ausbildungsumfang. In der Beschreibung zum Lehrgang „Maschinisten“ wird sogar darauf hingewiesen, dass die maschinelle Zugeinrichtung nicht Bestandteil der Ausbildung ist. Im Lehrgang „Technische Hilfeleistung“ nach FwDV 2 werden das Anschlagen von Lasten und der Einsatz von Mehrzweckzügen behandelt, die maschinelle Zugeinrichtung findet auch hier keine Beachtung. Auch die Einweisung in die Bedienung von Seilwinden (durch Feuerwehrfahrzeughersteller sowie auch feuerwehrintern) wird oft nur sehr oberflächlich durchgeführt.

Das Zubehörmaterial, bestehend aus Anschlagmitteln, Umlenkrollen usw., kann sehr umfangreich gestaltet sein. Die kreative Anwendung dieser Geräte ermöglicht komplexe Aufbauten von Zugstrecken, welche physikalisch verstanden sein müssen. Mit Einführung der „Kettenrettung“, auch als „Oslo Methode“ bekannt, kommt die Seilwinde bei den Feuerwehren gerade in der Aus- und Fortbildung etwas häufiger zur Anwendung. Und gerade bei dieser Variante der Anwendung muss der Bediener der Seilwinde genau verstehen, wie die Seilwinde funktioniert. Denn nur ein im Sinne der Regelwerke ausgebildeter Anwender ist in der Lage, die Seilwinde sicher anzuwenden.

Vorwort

Für einen Großteil der Feuerwehrangehörigen ist aktuell der regelgerechte Einsatz der Seilwinde leider fremd.

Mit diesem Buch soll die unbekannte Lücke im Themenfeld der Seilwinde bei der Feuerwehr geschlossen werden. Hier werden alle wichtigen zu beachtenden Regelwerke mit ihrer Bedeutung für die Feuerwehr erwähnt. Die verschiedenen Bauarten von Seilwinden werden in den wesentlichen Punkten erläutert. Das Anschlagen von Lasten im Zugvorgang und die regelgerechte Anwendung der gesamten Komponenten wird praxistauglich dargestellt.

Bad Wünnenberg, April 2023 Thomas Siekaup

Inhalt

1 Einführung

Maschinelle Zugeinrichtungen (Seilwinden), die in Feuerwehrfahrzeugen eingebaut sind, dienen dem Bewegen und/oder Sichern von Lasten. Der Zug wird in Längsrichtung des Fahrzeugs, meistens im Bodenzug ausgeübt.

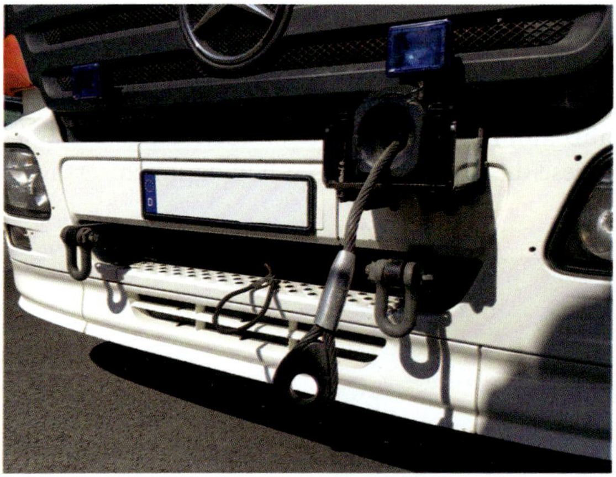

Abbildung 1: Seilauslauf an der Fahrzeugfront eines Seilwindenfahrzeugs (Quelle: Siekaup)

Die Zugkraft einer Feuerwehrseilwinde beträgt meistens 50 kN (beispielsweise RW und HLF). Bei einigen Feuerwehren kommen aber auch Winden mit einer Zugkraft von 80 kN zur Anwendung und sind oft in schwereren Fahrzeugen (Feuerwehrkran oder Wechselladerfahrzeuge) zu finden. Um die Windenleistung voll ausnutzen zu können, muss das Fahrzeug ggf. zusätzlich verankert werden.

Gesteuert werden die Windenbewegungen meistens aus technischen Gründen vom Fahrersitz aus. Es gibt allerdings auch Fernsteuerungen (funk- oder kabelgebunden), mit denen sich der Maschinist vom Fahrzeug entfernen kann.

1.1 Anwendungsgebiete

Die Maschinelle Zugeinrichtung kann in vielen typischen Feuerwehreinsätzen sinnvoll und effizient eingesetzt werden. Häufig eintretende Situationen sind z.B. Verkehrsunfälle. Dort beginnt es mit dem einfachen Sichern und Bergen von PKWs über das Auseinanderziehen von aufeinander gefahrenen LKWs, um eingeklemmte LKW-Fahrer befreien zu können, bis hin zum Aufrichten großer umgestürzter Nutzfahrzeuge.

Bei der Beseitigung von umgestürzten Bäumen nach Unwetterereignissen kann die maschinelle Zugeinrichtung auch sinnvoll eingesetzt werden, um Bäume komplett von der Fahrbahn zu ziehen oder aber auch hängende Bäume zu Boden zu ziehen, um diese dann unter besseren Bedingungen zersägen zu können.

Abbildung 2:
Umgestürzter Baum nach einem Sturm und dessen Beseitigung unter Einsatz der Seilwinde (Quelle: Feuerwehr Tecklenburg)

Ein aktuelles Anwendungsgebiet ist auch die Kettenrettung zur Befreiung eingeklemmter Personen aus Kraftfahrzeugen. Nach Einführung dieser Rettungsmethode in Deutschland ab dem Jahr 2014 ist die maschinelle Zugeinrichtung häufiger in der Anwendung zu sehen. Diese Rettungsmethode war zunächst in der Effektivität stark umstritten. Wenn man aber eine fundierte Ausbildung in der Kettenrettung erhalten hat, ist eine sichere und schnelle Rettung von eingeklemmten PKW- und LKW-Fahrern effizient möglich. Insbesondere das Bewegen verunfallter Kraftfahrzeuge war absolutes „No Go“.

Bei der Kettenrettung ist es oft aber erforderlich, dass ein PKW zunächst in eine geeignete Position gezogen werden muss. Praxisversuche und Einsatzerfahrungen zeigen, dass das in vielen Situationen absolut unkritisch durchgeführt werden kann.

Das häufige An- und Abschlagen der Ketten an verschiedenen Fahrzeugstrukturen unter Zeitdruck mit Zeichengabe und filigranen Seilwindenbewegungen erfordert unter Beachtung der medizinischen Leitlinien eine erhöhte Aufmerksamkeit aller am Unfallfahrzeug beteiligter Rettungskräfte. Eine klare Führungskommunikation des Gruppenführers ist Voraussetzung für einen zügigen Einsatzerfolg.

Abbildung 3: Umfangreiche Anwendung der Kettenrettung nach Alleinunfall PKW vor Baum (Quelle: Feuerwehr Bad Wünnenberg)

Im Weiteren wird in diesem Buch nicht weiter auf die Kettenrettung eingegangen, da das den Rahmen des Buches überschreiten würde.

1.2 Bauformen

Grundlegend werden zwei Bauformen von Seilwinden bei der Feuerwehr unterschieden. In der Regel werden diese durch einen Hydraulikmotor angetrieben. Der Einbau erfolgt bei den klassischen Feuerwehrfahrzeugen unter dem Aufbau, mittig im Fahrgestellrahmen. Je nach Fahrzeugkonfiguration kann eine Seilwinde aber auch als Vorbauwinde an der Fahrzeugfront montiert sein. Elektrisch angetriebene Seilwinden sind bei der Feuerwehr eher selten zu finden.

1.2.1 Treibmatic (Spillwinde)

Bei der TREIBMATIC wird das Seil über zwei gerillte Seiltrommeln geführt. Eine Klemmscheibe sorgt für die erforderliche Vorspannung. Die eigentliche Zugkraft wird durch die Schnürung und Reibung zwischen Spilltrommeln und Drahtseil erzeugt. Nach dem Durchlaufen der Spillwinde wird das unbelastete Drahtseil in einer Speichertrommel abgelegt.

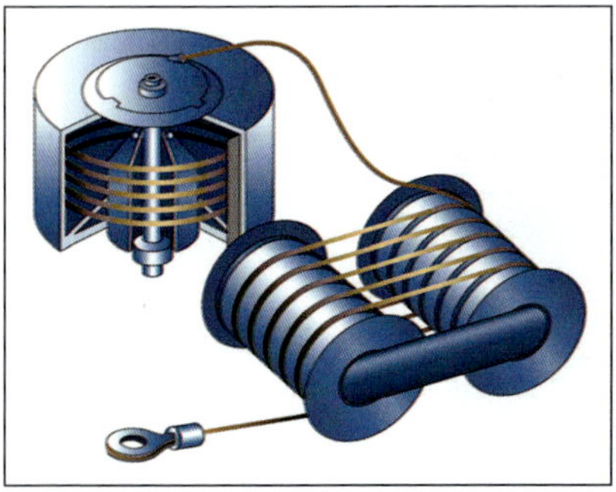

Abbildung 4:
Funktionsprinzip der Treibmatic
(Quelle: Rotzler)

1.2.2 Trommelwinde

Eine Trommel wird elektrisch oder hydraulisch angetrieben und das Seil wird darauf aufgerollt. Das Seil kann sich selbstständig auf der Trommel verlegen, wenn die freie Strecke des Seils vor der Trommel lang genug ist. Anderenfalls kann eine zusätzliche Seilführung zum Einsatz kommen, die das Seil Lage für Lage korrekt auf die Trommel legt, indem sie es seitlich versetzt. Bei der Trommelwinde wird die ganze Zugkraft über die Trommel auf das Seil übertragen.

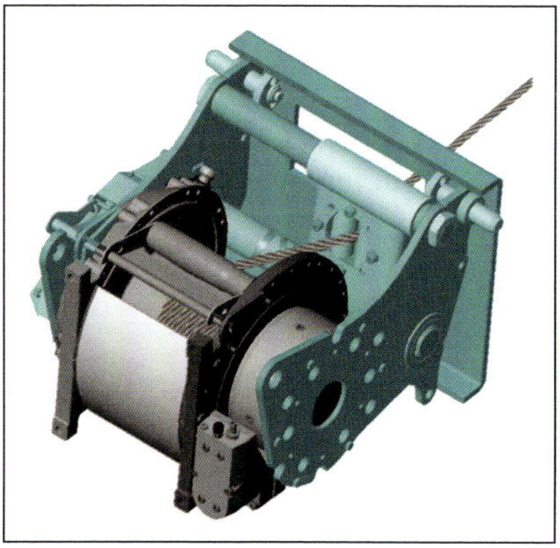

Abbildung 5:
Funktionsprinzip der Trommelwinde
(Quelle: Pomp)

1.3 Zubehör

Das Zubehör kann sehr umfangreich gestaltet sein. Eine gute Auswahl an Anschlagmitteln ermöglicht vielfältige Anwendungsmöglichkeiten. Leider sind die nach DIN-Normen vorgesehenen Anschlagmittel nahezu nur auf die maximal aufzubringenden Zugkräfte ausgerichtet; das ist praxisfremd. Denn im Feuerwehreinsatz sind überwiegend geringere Zugkräfte notwendig. Anschlagmittel sollten auf die tatsächlichen Anforderungen abgestimmt sein.

1.4 Aus- und Fortbildung

Anwender von maschinellen Zugeinrichtungen benötigen eine grundlegende Ausbildung, bestehend aus theoretischem fundiertem Fachwissen und einsatznahen Praxisübungen. Je nachdem, welche Einsatzmöglichkeiten ausgeschöpft werden sollen, sind für die Ausbildung mindestens 16 Unterrichtseinheiten notwendig. Eine jährliche Fortbildung zum Wissens- und Fähigkeitserhalt sollte durch die Verantwortlichen ermöglicht werden.

1.5 Selbstkontrolle und Testfragen

(Lösungen siehe Seite **116**)

1. Welche Nennzugkraft haben die meisten Seilwinden bei der Feuerwehr?

a) Eine Nennzugkraft von 30 kN.
b) Eine Nennzugkraft von 50 kN.
c) Eine Nennzugkraft von 80 kN.

2. Welche Bauformen von Seilwinden gibt es?

a) Trommelwinde
b) Exzenterwinde
c) Spillwinde (Treibmatic)

3. Welche Voraussetzungen sind bei der Anwendung von Seilwinden zu beachten?

a) Jeder Feuerwehrangehörige ist in der Lage, eine Seilwinde sicher anzuwenden.
b) Bezüglich Einbau und Betrieb von Seilwinden sind entsprechende Normen zu berücksichtigen, um den sicheren Betrieb mit Arbeitsmitteln zu gewährleisten.
c) Seilwinden dürfen nur von qualifizierten Feuerwehrangehörigen angewendet werden.
d) Es müssen keine bestimmten Normen beim Einbau und Betrieb von Seilwinden beachtet werden.

2 Rechtliche Grundlagen

Die vielfältige und flexible Einsetzbarkeit einer maschinellen Zugeinrichtung stellt eine besondere Herausforderung an den Benutzer. Er muss mit Hilfe seiner Fachkenntnisse und unter Beachtung der gültigen Gesetze, Vorschriften sowie diverser technischer Regelwerke verantwortungsvoll handeln. Dies setzt voraus, dass der Anwender einer maschinellen Zugeinrichtung die erforderlichen Fähigkeiten nachweisen kann, um die Seilwinde inklusive Zubehör eigenverantwortlich zu verwenden. Derzeitig gibt es kein vollständiges Regelwerk, in dem die notwendigen Fähigkeiten zentral für die Feuerwehren definiert sind.

Grundsätzlich gelten für die Feuerwehren neben den Brandschutz-, Hilfeleistungs- und Katastrophenschutzgesetzen, der UVV-Feuerwehr und den Feuerwehrdienstvorschriften auch die Regelwerke der Deutschen Gesetzlichen Unfallversicherung sowie die Betriebssicherheitsverordnung.

Die wichtigsten Informationen aus einigen Regelwerken finden sich nachfolgend.

2.1 Feuerwehrspezifische Rechtsvorschriften

Die Feuerwehrspezifischen Rechtsvorschriften

- Unfallverhütungsvorschrift „Feuerwehren“
- Feuerwehrdienstvorschrift 1 „Grundtätigkeiten im Lösch- und Hilfeleistungseinsatz“
- Feuerwehrdienstvorschrift 2 „Ausbildung der Freiwilligen Feuerwehren“

regeln speziell für den Feuerwehrdienst einige Punkte, damit ein geordneter Einsatz sowie eine sichere Geräteanwendung möglich sind. Die Anwendung dieser Regelwerke zum Betrieb der Seilwinde ist schwierig, da diese zu lückenhaft sind, um eine sichere Anwendung der maschinellen Zugeinrichtung zu ermöglichen.

2.1.1 UVV Feuerwehr

Die Unfallverhütungsvorschrift (UVV) „Feuerwehren" (DGUV-Vorschrift 49) enthält grundsätzliche Bestimmungen zum Thema Sicherheit und Gesundheitsschutz im Feuerwehrdienst.

Die wesentlichsten Punkte sind:

§ 6 Persönliche Anforderungen und Eignung

(1) Die Unternehmerin oder der Unternehmer darf Feuerwehrangehörige nur für Tätigkeiten einsetzen, für die sie körperlich und geistig geeignet sowie fachlich befähigt sind. *(Auszug)*

§ 8 Unterweisung

(1) Die Feuerwehrangehörigen sind im Rahmen der Aus- und Fortbildung über die möglichen Gefahren und Fehlbeanspruchungen im Feuerwehrdienst sowie über die Maßnahmen zur Verhütung von Unfällen und Gesundheitsgefahren regelmäßig zu unterweisen. Die Unterweisung ist zu dokumentieren. *(Auszug)*

§ 19 Betrieb von Feuerwehrfahrzeugen

(2) Feuerwehrfahrzeuge dürfen nur von Personen ab dem vollendeten 18. Lebensjahr geführt werden, die ihre Befähigung hierzu gegenüber der Unternehmerin oder dem Unternehmer nachgewiesen haben, im Umgang mit diesen unterwiesen sind, und dafür bestimmt wurden. *(Auszug)*

Für die Benutzung der maschinellen Zugeinrichtung gibt es in der UVV Feuerwehr keine speziellen Hinweise für den Bediener.

2.1.2 Feuerwehrdienstvorschrift 1

Die Feuerwehrdienstvorschrift 1 beschreibt bundeseinheitlich die Grundtätigkeiten im Lösch- und Hilfeleistungseinsatz. Im Kapitel 12.2 (Zug- und Anschlagmittel) werden einige Anschlagmittel vorgestellt. Aus den zugehörigen Hinweisen zur Sicherheit ergeben sich spätestens in der Praxis weitere Fragen.

Im Kapitel 12.4 (Maschinelle Zugeinrichtung) werden einige Hinweise zur Anwendung dieser gegeben. Einige Details sind widersprüchlich zu Herstellerangaben und DIN-Normen. Die Hinweise zur Sicherheit sind auch hier so oberflächlich beschrieben, dass eine sichere Anwendung der Seilwinde nicht vollständig gewährleistet werden kann.

2.1.3 Feuerwehrdienstvorschrift 2

Die Feuerwehrdienstvorschrift 2 beschreibt die Ausbildung der Angehörigen der Freiwilligen Feuerwehren. Neben der Grundausbildung gibt sie Hinweise und Empfehlungen zur Durchführung der Technischen Ausbildungen. Darin ist ein Lehrgang für Maschinisten definiert. Dieser befasst sich jedoch fast ausschließlich mit dem Betrieb von Löschfahrzeugen und Feuerlöschkreiselpumpen. Die maschinelle Zugeinrichtung wird in der Lehrgangsbeschreibung „Maschinisten" sogar bewusst ausgeklammert.

Zum Betrieb eines Rüstwagens sowie der maschinellen Zugeinrichtung gibt diese Feuerwehrdienstvorschrift leider keine Hinweise. Daraus ergibt sich unter anderem auch die Notwendigkeit der Beachtung der Regelwerke im Sinne des Arbeitsschutzgesetzes und der Betriebssicherheitsverordnung.

2.2 Regelwerke aus dem Arbeitsschutz

Die verschiedenen gesetzlichen Regelwerke unterliegen einer Hierarchie. Daraus ergibt sich, in welcher Reihenfolge die verschiedenen Regelwerke beim Betreiben von Arbeitsmitteln Anwendung finden. Das ist insbesondere dann von Bedeutung, wenn sich im Detail einiger Regelwerke Missverständnisse ergeben.

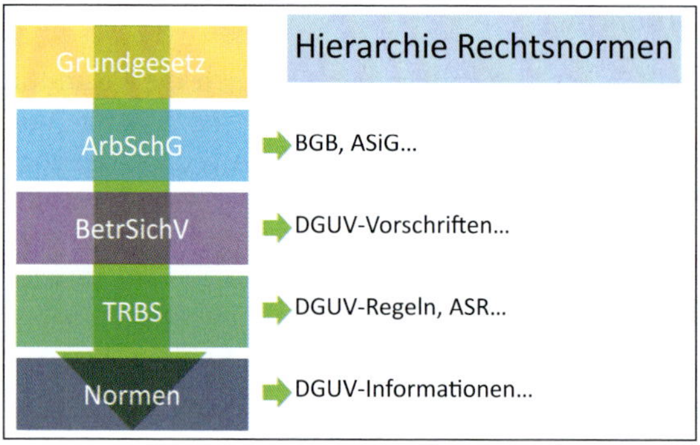

Abbildung 6:
Hierarchie der Arbeitsschutzregelwerke
(Quelle: Karl Kurz)

Im Weiteren werden die Regelwerke hier ab der Betriebssicherheitsverordnung und die relevantesten Regelwerke der Deutschen Gesetzlichen Unfallversicherung mit Bezug zum Betrieb der maschinellen Zugeinrichtung betrachtet.

2.2.1 Betriebssicherheitsverordnung (BetrSichV)

Diese Verordnung gilt für die Verwendung von Arbeitsmitteln; das schließt die Seilwinde und Zubehör mit ein. Ziel dieser Verordnung ist es, den Schutz der Gesundheit von Anwendern bei der Verwendung von Arbeitsmitteln zu gewährleisten.

Demnach ist ein hohes Schutzniveau erreichbar, wenn geeignete Arbeitsmittel für die bevorstehenden Arbeiten ausgewählt werden und für deren sichere Verwendung qualifiziertes Personal zur Verfügung steht. Wie das im Detail örtlich bezogen aussehen kann, muss mit einer Gefährdungsbeurteilung nach § 3 der BetrSichV festgelegt werden.

2.2.2 Technische Regeln für Betriebssicherheit (TRBS)

Die Technischen Regeln für Betriebssicherheit konkretisieren die Betriebssicherheitsverordnung hinsichtlich der Ermittlung und Bewertung von Gefährdungen sowie der Ableitung von geeigneten Maßnahmen.

Bei Anwendung der beispielhaft genannten Maßnahmen kann der Arbeitgeber insoweit die Vermutung der Einhaltung der Vorschriften der Betriebssicherheitsverordnung für sich geltend machen. Wählt der Arbeitgeber eine andere Lösung, hat er die gleichwertige Erfüllung der Verordnung schriftlich nachzuweisen.

Die TRBS 2111 „Mechanische Gefährdungen" besteht aktuell aus vier Teilen. Diese können beispielsweise angewandt werden zur Erstellung einer Gefährdungsbeurteilung in Bezug auf die maschinelle Zugeinrichtung.

2.2.3 DGUV-Vorschriften

Bei den DGUV-Vorschriften handelt es sich um die umgangssprachlich sogenannten „Unfallverhütungsvorschriften". Mit der Einführung des Spitzenverbandes der „Deutschen Gesetzlichen Unfallversicherung" (DGUV) im Jahr 2007 wurden sämtliche Unfallverhütungsvorschriften der Berufsgenossenschaften nun einheitlich in einem System zusammengeführt. Themenbezogen gelten nun die Vorschriften für jeden Anwender entsprechender Bereiche, ganz gleich von welcher Berufsgenossenschaft diese erstellt bzw. veröffentlicht wurden. Die verantwortlichen Personen, im Sinne der Unternehmerpflichten bei den Feuerwehren, müssen dafür sorgen, dass die DGUV-Vorschriften im Dienstbetrieb angewandt werden. Die Pflicht zur Beachtung dieser Vorschriften ist vielen Feuerwehren nicht bekannt.

In der DGUV Vorschrift 1 „Grundsätze der Prävention" werden zunächst die Allgemeinen Vorschriften, Pflichten des Unternehmers, Pflichten der Versicherten, die Organisation des Arbeitsschutzes und Ordnungswidrigkeiten beschrieben. Diese Vorschrift ist auf nahezu alle Tätigkeitsbereiche anzuwenden.

Die DGUV-Vorschrift 54 „Winden, Hub- und Zuggeräte" beinhaltet spezielle Hinweise zum Betrieb der maschinellen Zugeinrichtung.

In den Kapiteln

- Allgemeines
- Bau und Ausrüstung
- Prüfung
- Betrieb
- Ordnungswidrigkeiten

wird, zum Teil schwer zu interpretieren, alles Notwendige in Bezug auf ein sicheres Arbeiten mit der maschinellen Zugeinrichtung erwähnt. Für den Unternehmer ist hier insbesondere das Kapitel „Betrieb" von entscheidender Bedeutung. Daraus ergibt sich mit dem

§ 24 Anforderungen an Personen, Beauftragung

(1) Der Unternehmer darf mit dem Aufstellen, Warten oder selbstständigen Betätigen der Geräte nur Versicherte beauftragen, die hierzu geeignet und hiermit vertraut sind.

(2) Versicherte dürfen Geräte nur aufstellen, warten oder selbstständig betätigen, wenn sie hierzu vom Unternehmer beauftragt sind. *(Auszug)*

die Pflicht für den Unternehmer, eine fundierte Ausbildung für die Anwender der maschinellen Zugeinrichtung durchzuführen.

2.2.4 DGUV-Regeln

DGUV-Regeln geben neben den technischen Regeln für Betriebssicherheit weitere Informationen zum Umgang mit den Arbeitsmitteln. Unter anderem konkretisieren sie Gesetze, Verordnungen und Vorschriften. Befolgt man die Hinweise der DGUV-Regeln, kann man davon ausgehen, dass die Anwendung mit hoher Sicherheit erfolgt. Die Inhalte beruhen auf den Erfahrungen der Präventionsarbeit der Unfallversicherungsträger.

Für die Anwendung der maschinellen Zugeinrichtung ist die DGUV-Regel 109-017 „Betreiben von Lastaufnahmemitteln und Anschlagmitteln im Hebezeugbetrieb" zu beachten. In dieser wird die korrekte Anwendung verschiedener Anschlagmittel, welche von den Feuerwehren auch in Kombination mit der maschinellen Zugeinrichtung verwendet werden können, beschrieben.

2.2.5 DGUV-Informationen

DGUV-Informationen geben zusätzliche Hinweise. Es handelt sich dabei um unverbindliche Hilfestellungen und Empfehlungen. Beispielhaft wird die DGUV-Information 214-060 „Seilarbeit im Forstbetrieb" erwähnt; diese kann auch für die Anwendung der maschinellen Zugeinrichtung von Bedeutung sein. Aus dieser Informationsschrift lassen sich für die Anwendung einer Seilwinde sinnvolle Hinweise für die Erstellung einer Gefährdungsbeurteilung ableiten.

2.3 DIN-Normen/EN-Normen

Eine DIN-Norm entsteht unter der Leitung des Deutschen Instituts für Normung. Ziel von Normungen ist es, Anforderungen an Gegenstände zu definieren, welche vom Hersteller eines Gegenstandes erfüllt werden müssen, damit ein guter und sicherer Mindeststandard gewährleitestet werden kann. Ein Großteil der feuerwehrtechnischen Ausstattung wird nach DIN- oder EN-Normen produziert. Es handelt sich dabei um Regelwerke, welche zum Zeitpunkt der Erstellung den Stand der Technik abbilden. In Bezug auf die maschinelle Zugeinrichtung sollten z.B. folgende Normen beachtet werden:

- DIN EN 1846-2 Feuerwehrfahrzeuge, Allgemeine Anforderungen
- DIN EN 1846-3 Feuerwehrfahrzeuge, fest eingebaute Ausrüstung, Sicherheits- und Leistungsanforderungen
- DIN 14584 Feuerwehrfahrzeuge, Zugeinrichtungen mit maschinellem Antrieb, Anforderungen und Prüfung

Diese Normen verweisen teilweise auf weitere Normen, nach denen wiederum Teilkomponenten des Gesamtsystems beschrieben werden.

Die DIN 14584 beschreibt die maschinelle Zugeinrichtung für die Feuerwehr. Mit dieser Norm werden die Anforderungen an eine maschinelle Zugeinrichtung in einem Feuerwehrfahrzeug gestellt. Neben den physikalischen und technischen Anforderungen werden in den Normen auch Anwendungshinweise gegeben. Es lassen sich z.B. Sicherheitsfaktoren, Belastungsangaben usw. entnehmen, welche man in die Ausbildung zum Maschinisten für die maschinelle Zugeinrichtung einfließen lassen sollte.

2.4 Bedienungsanleitung des Herstellers

Die Hersteller von Arbeitsmitteln sind dazu verpflichtet, Bedienungsanleitungen zu erstellen. Diese werden nach dem Produktsicherheitsgesetz gefordert. Allgemein handelt es sich bei der Bedienungsanleitung um eine Information, die dem Benutzer eines Produkts hilft, das Produkt sicher und bestimmungsgemäß zu verwenden, zu bedienen, zu warten und nach dem Gebrauch sicher zu entsorgen.

2.5 Zusammenfassung des Rechtlichen

Mit den aufgeführten rechtlichen Regelwerken wurde auf die wesentlichen der geltenden Regelwerke (Gesetze, Vorschriften, Verordnungen usw.) hingewiesen. Ein Anspruch auf Vollständigkeit besteht allerdings nicht, da bis ins kleinste Detail auf weitere Regelwerke verwiesen wird. Mit Beachtung der aufgeführten rechtlichen Regelwerke lässt sich ein korrekter Betrieb der maschinellen Zugeinrichtung organisieren. Die verantwortliche Person (Unternehmer), in der Regel der Leiter der Feuerwehr, muss dafür sorgen, dass all diese Regelwerke eingehalten werden können. Am sinnvollsten lässt er gemäß Betriebssicherheitsverordnung eine Gefährdungsbeurteilung erstellen. In dieser wird der gesamte Betrieb der maschinellen Zugeinrichtung, inklusive des Zubehörs, örtlich bedingt bewertet.

Aus den Ergebnissen der Gefährdungsbeurteilung lässt sich ein Musterausbildungsplan erstellen. Mit dessen konsequenter Beachtung kann das sogenannte T-O-P Prinzip des Arbeitsschutzes vollumfänglich erfüllt werden.

2.6 Selbstkontrolle und Testfragen

(Lösungen siehe Seite **116**)

1. Welche Feuerwehrdienstvorschrift beinhaltet Hinweise zum Einsatz der maschinellen Zugeinrichtung?

a) FwDV 3, Einheiten im Lösch- und Hilfeleistungseinsatz.
b) FwDV 1, Grundtätigkeiten im Feuerwehreinsatz.
c) FwDV 100, Führung und Leitung im Einsatz.

2. Welches Arbeitsschutzregelwerk steht an oberster Stelle und bildet die Grundlage für die weitere Aufbauorganisation?

a) Die DGUV-Vorschriften.
b) Die Technischen Regeln für Betriebliche Sicherheit.
c) Die Betriebssicherheitsverordnung.

3. Aus welchem Regelwerk resultiert die Pflicht für eine fundierte Ausbildung zum Maschinisten der maschinellen Zugeinrichtung?

a) Aus der DGUV-Vorschrift 54 „Winden, Hub- und Zuggeräte".
b) Aus der FwDV 2 „Ausbildung der Freiwilligen Feuerwehren".
c) Aus der DIN 14584 „Zugeinrichtungen mit maschinellem Antrieb".

4. Welchen Zweck haben DIN- oder EN-Normen?

a) Sie geben Hinweise zur Aus- und Fortbildung.
b) Sie geben Hinweise zur Wartung und Pflege der Ausrüstung.
c) Sie beschreiben die technischen Anforderungen der Ausrüstung.

3 Technische Anforderungen

Die maschinelle Zugeinrichtung der Feuerwehren gemäß der FwDV 1 „Grundtätigkeiten im Lösch- und Hilfeleistungseinsatz" muss unter Berücksichtigung folgender Regelwerke beschaffen sein, damit ein sicherer Betrieb gewährleistet werden kann.

- DGUV-Vorschrift 54 „Winden-, Hub- und Zuggeräte"
- DIN 14584 Feuerwehrfahrzeuge „Zugeinrichtungen mit maschinellem Antrieb"

Des Weiteren gibt es noch Normen, die ebenfalls Einfluss auf den Einbau und die Anwendung einer maschinellen Zugeinrichtung nehmen. Dabei handelt es sich z.B. um folgende Normen:

- DIN EN 1846-2 Feuerwehrfahrzeuge
  Teil 2: Allgemeine Anforderungen – Sicherheit und Leistung
- DIN 14502-2 Feuerwehrfahrzeuge
  Teil 2: Zusätzliche Festlegungen zu DIN EN 1846-2 und DIN EN 1846-3
- DIN 14555-3 Rüstwagen und Gerätewagen Teil 3: Rüstwagen RW

Im Folgenden wird das Gesamtsystem einer maschinellen Zugeinrichtung für die Feuerwehr erläutert. Dabei geht es hauptsächlich um die Kriterien, die bei der Anwendung von Bedeutung sind.

3.1 Gesamtsystem

Das gesamte System einer maschinellen Zugeinrichtung in Feuerwehrfahrzeugen besteht gemäß den genannten Normen sowie der DGUV-Vorschrift 54 aus folgenden Komponenten:

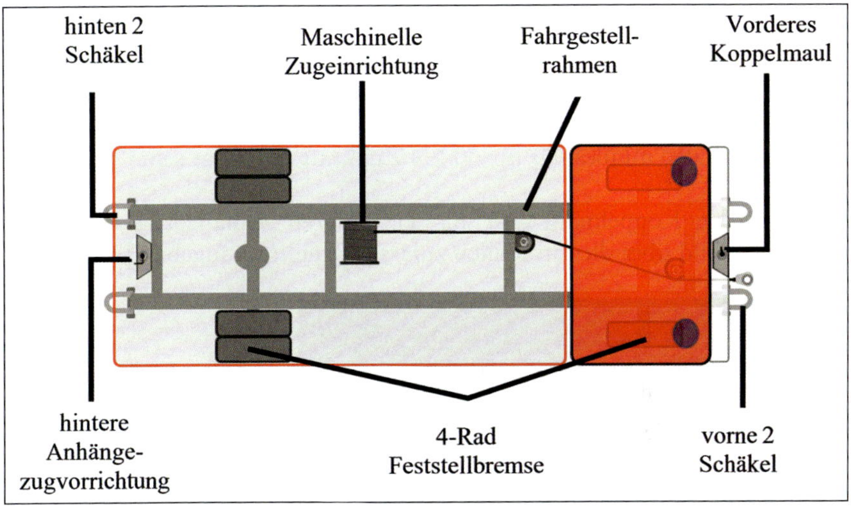

Abbildung 7: Seilwindenfahrzeug Gesamtsystem (Quelle: Siekaup)

An alle aufgeführten Einzelkomponenten werden praxisrelevante Anforderungen gestellt, um einen sicheren Betrieb der maschinellen Zugeinrichtung im Gesamtsystem gewährleisten zu können. Im Folgenden werden diese näher beschrieben.

3.1.1 Fahrgestell

Fahrgestelle für Feuerwehrfahrzeuge, die mit einer maschinellen Zugeinrichtung ausgestattet werden sollen, müssen neben der Möglichkeit zur Aufnahme einer maschinellen Zugeinrichtung noch mit weiteren Komponenten ausgestattet werden.

Die Zugkraft der Zugeinrichtung und deren Kraftverlauf müssen auf das Fahrgestell abgestimmt und vom Fahrgestellhersteller genehmigt sein. Bei der Befestigung der Zugeinrichtung am oder im Fahrgestellrahmen sind die vom Fahrgestellhersteller angegebenen Richtlinien einzuhalten.

3.1.2 Koppelmaul und Anhängezugvorrichtung

Das vordere Koppelmaul und die Anhängezugvorrichtung müssen mindestens für eine Zugkraft von 120 % der Nennzugkraft von der maschinellen Zugeinrichtung ausgelegt sein. Bei einer Nennzugkraft von 50 kN muss das Koppelmaul also mindestens für 60 kN Zugkraft ausgelegt sein.

Am vorderen Koppelmaul und an der hinteren Anhängezugvorrichtung muss ein Schild über die tatsächlich zulässige Zugkraft angebracht sein.

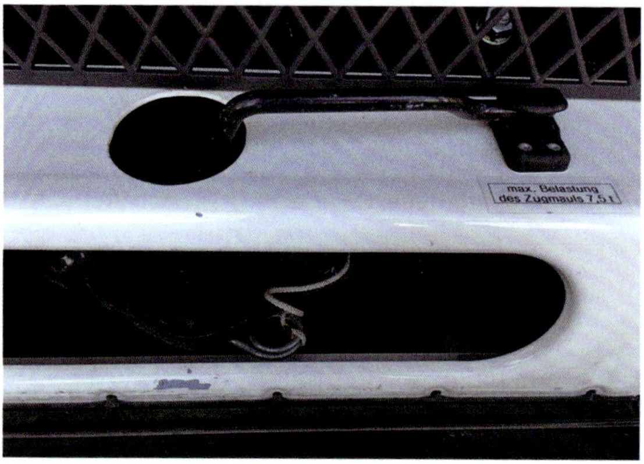

Abbildung 8:
Vorderes Koppelmaul mit Beschriftung der maximal zulässigen Zugkraft (Quelle: Siekaup)

3.1.3 Schäkel am Fahrgestell

An Feuerwehrfahrzeugen der Klassen M (bis 16 t) und S (größer 16 t) nach DIN EN 1846-1 sind gemäß DIN 14502-2 vorne und hinten je zwei Schäkel nach DIN EN 13889 mit einer zulässigen Zugkraft von 50 kN je Schäkel bei geradem Zug vorgesehen. Hierauf kann verzichtet werden, wenn das Koppelmaul vorne bzw. die Anhängerzugvorrichtung/Abschleppkupplung für eine Zugkraft von mindestens 100 kN ausgelegt ist. Die o.g. Anschlageinrichtungen müssen mit der zulässigen Zugkraft und dem zulässigen Schrägzugwinkel gckennzeichnet sein.

Abbildung 9:
Beispiel für eine Beschriftung der Schäkel am Fahrgestell (Quelle: Siekaup)

Hinweis: Häufig werden Schäkel mit einer Nennzugkraft von 160 kN (meistens bei Fahrgestellen von MAN zu sehen) an den Fahrzeugen angebracht. Trotz des höher dimensionierten Schäkels dürfen die Schäkelfestpunkte nicht mit mehr als 50 kN Zugkraft belastet werden.

3.1.4 4-Rad Feststellbremse

Für den Betrieb der Zugeinrichtung muss eine Feststellbremse eingebaut sein, die auf alle Räder wirkt. Die sogenannte 4-Rad Feststellbremse wird häufig mit dem Einlegen der Federspeicherfeststellbremse permanent aktiviert. Bei älteren Fahrzeugen kann es sein, dass diese zusätzlich aktiviert werden muss.

Mit dem Einlegen der Feststellbremse werden an der Hinterachse die Federspeicherbremszylinder aktiviert. Das bedeutet, dass die Bremskraft von der Federkraft im Bremszylinder abhängig ist. An der Vorderachse werden die Betriebsbremszylinder mit dem vorhandenen Betriebsdruck beaufschlagt. Das bedeutet, dass die Vorderachsbremse bei maximalem Betriebsdruck in der Regel höhere Bremskräfte erzeugt als die Hinterachse. Aus den Bremskräften und der Fahrzeugmasse resultiert die mögliche Haltekraft bzw. Standfestigkeit des Seilwindenfahrzeugs.

Hinweis: Das Bremssystem nimmt Einfluss auf die Standfestigkeit des Fahrzeugs. Bei erhöhter Zugkraft ab ca. 80 kN kann es sein, dass die Federspeicherbremse an der Hinterachse die notwendige Bremskraft nicht aufbringen kann. In dessen Folge rollt das Fahrzeug langsam nach vorne. Durch das Betätigen der Betriebsbremse über das Bremspedal kann die Zugkraft erhöht werden, da dadurch die maximal mögliche Bremskraft erzeugt wird.

3.2 Maschinelle Zugeinrichtung – Anforderungen

Die maschinelle Zugeinrichtung in Feuerwehrfahrzeugen ist nach DIN 14584 „Zugeinrichtungen mit maschinellem Antrieb – Anforderungen, Prüfung" gefertigt. Diese Norm gilt für Zugeinrichtungen mit maschinellem Antrieb für Feuerwehrfahrzeuge, die für einen Bodenzug bis maximal 45° Schräglage vorgesehen sind und die zur Ausführung Technischer Hilfeleistungen dienen.

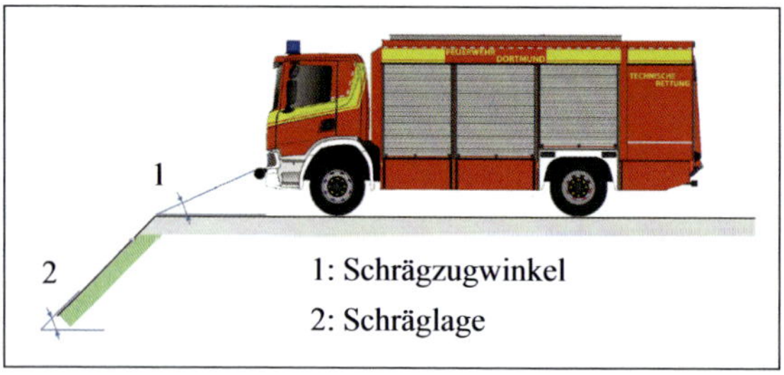

Abbildung 10: Darstellung Schrägzugwinkel und Schräglage (Quelle: Preetz/Siekaup)

Aus der DIN 14584 sowie der DGUV-Vorschrift 54 sind folgende einsatzpraxisrelevanten Anforderungen an die maschinelle Zugeinrichtung aufgeführt.

Die Maschinelle Zugeinrichtung muss

- in der Seilgeschwindigkeit stufenlos von null bis zur maximalen Geschwindigkeit (mindestens 8 m/min) verstellt werden können.
- einen Schrägzugwinkel (siehe Abbildung 10) von 25° nach unten und 25° nach rechts und links bis zur Nennzugkraft bei einsträngigem Zug sicherstellen.
- einen geraden zweisträngigen Zug bis zur Nennzugkraft sicherstellen.
- mit einer Rücklaufsicherung versehen sein, die ein unbeabsichtigtes Zurücklaufen der Last verhindert. Diese muss selbsttätig wirken und so ausgelegt sein, dass die auftretenden Kräfte von der Einrichtung sicher aufgenommen werden können.
- ein Abziehen des unbelasteten Seils mit mindestens 10 m/min ermöglichen.
- durch eine Notsteuerung steuerbar sein. Mit dieser Notsteuerung muss die Zugeinrichtung entlastet und in die Transportstellung zurückgeführt werden können.
- eine Sicherung gegen Überlastung haben, welche spätestens bei 120 % von der Nennlast anspricht.
- mindestens eine nutzbare Seillänge von 45 m haben.
- eine Totmannfunktion haben.
- mit einem Seil ausgestattet sein, welches mindestens über eine 2-fache Mindestbruchkraft, ausgehend von der Nennleistung der Seilwinde, verfügt.
- sich automatisch außer Betrieb setzen, sobald die Feststellbremse vom Fahrzeug gelöst wird.

Gemäß DIN 14584 ist ein Paar Unterlegkeile (auch Auffahrkeile genannt) vorgesehen, mit denen man das Seilwindenfahrzeug auf gewissen Untergründen ggf. so fixieren kann, dass ein Rutschen des Seilwindenfahrzeugs verhindert wird.

Je nach Nennzugkraft werden zwei verschiedene Größen empfohlen:

- Größe 1: für Zugkräfte bis 60 kN.
- Größe 2: für Zugkräfte über 60 kN.

Hinweis: Im Anhang der DIN 14584 wird aufgeführt, dass Unterlegkeile auf harten Untergründen (Asphalt, Beton usw.) nicht verwendet werden sollten, da die möglichen Haltekräfte reduziert werden. Messungen haben Haltekraftverluste bis zu 20 kN ergeben.

3.3 Wiederkehrende Prüfungen

Maschinelle Zugeinrichtungen sind jährlich durch einen Sachkundigen zu prüfen. Die Ergebnisse der regelmäßigen Prüfung sind zu dokumentieren. Das Datum der nächsten Prüfung soll für den Anwender jederzeit ersichtlich sein. In der Regel wird eine Prüfplakette auf dem Typenschild, welches sich an der Innenseite der Fahrertür befinden soll, angebracht.

Abbildung 11:
Beispiel für ein Typenschild mit Prüfplakette (Quelle: Siekaup)

3.4 Selbstkontrolle und Testfragen

(Lösungen siehe Seite 116)

1. Für welche Zugkraft müssen die Schäkel am Fahrgestellrahmen von Feuerwehrfahrzeugen mindestens ausgelegt sein?

a) Die mögliche Zugkraft muss mindestens 30 kN betragen.
b) Die mögliche Zugkraft muss mindestens 50 kN betragen.
c) Die mögliche Zugkraft muss mindestens 100 kN betragen.

2. Bis zu welchem Schrägzugwinkel muss die maschinelle Zugeinrichtung betrieben werden können?

a) Es muss mindestens ein Schrägzugwinkel von 10° möglich sein.
b) Es muss mindestens ein Schrägzugwinkel von 20° möglich sein.
c) Es muss mindestens ein Schrägzugwinkel von 25° möglich sein.

3. Bei welcher Zugkraft muss die Überlastsicherung der maschinellen Zugeinrichtung spätestens aktiviert werden?

a) Die Überlastsicherung muss spätestens bei 200 % der Nennzugkraft erfolgen.
b) Die Überlastsicherung muss spätestens bei 20 % der Nennzugkraft erfolgen.
c) Die Überlastsicherung muss spätestens bei 120 % der Nennzugkraft erfolgen.

4. Welche nutzbare Mindestseillänge ist nach DIN 14584 gefordert?

a) Die nutzbare Mindestseillänge beträgt 45 m.
b) Die nutzbare Mindestseillänge beträgt 55 m.
c) Die nutzbare Mindestseillänge beträgt 65 m.

4 Geräte und Zubehör

Maschinelle Zugeinrichtungen können nach den im Kapitel 3 genannten Regelwerken unterschiedlich gestaltet sein. Die Hersteller bieten unterschiedliche Lösungen an. Meistens findet man hydraulisch angetriebene Seilwinden bei der Feuerwehr. Elektrische Antriebe erfüllen oft nicht alle Anforderungen der DIN 14584, daher sind diese zum aktuellen Zeitpunkt selten in Feuerwehrfahrzeugen verbaut. Im weiteren Verlauf werden beispielhaft die Funktionsweisen verschiedener Seilwinden erläutert.

Hinweis: Die Auszüge aus den Bedienungsanleitungen der Hersteller befreien den Anwender der Seilwinde nicht vom Lesen der Bedienungsanleitung der vor Ort befindlichen Seilwinde.

Abschließend wird in diesem Kapitel auch allgemeines Zubehör aufgeführt und dessen Anwendung erläutert.

4.1 Hydraulisch angetriebene Seilwinden

Hydraulisch angetriebene maschinelle Zugeinrichtungen werden in den meisten Fällen über eine Hydraulikpumpe betrieben, welche über einen Nebenantrieb vom Fahrzeugmotor angetrieben wird.

Abbildung 12:
Nebenantrieb auf Fahrzeuggetriebe
(Quelle: Siekaup)

Durch die Rotationsenergie aus dem Nebenantrieb wird die Hydraulikpumpe über die dazwischen hängende Antriebswelle angetrieben. Über einen Öltank wird die Pumpe mit Hydrauliköl versorgt, welches mit dem Nennbetriebsdruck zum Hydraulikmotor gefördert wird. Der Hydraulikmotor treibt über ein Getriebe die Seilantriebseinheit an. Dabei handelt es sich entweder klassisch um eine Seiltrommel oder um Spilltrommeln. Die einzustellende Motordrehzahl ist abhängig vom Übersetzungsverhältnis zwischen Fahrzeuggetriebe und Nebenantrieb. Die einzustellende Nenndrehzahl ist der Bedienungsanleitung zu entnehmen. Oft wird die Drehzahl auch automatisch mit dem Einschalten des Nebenantriebs auf die Nenndrehzahl erhöht.

4.1.1 Seilaustritt am Fahrzeug

Meistens befindet sich nur an der Fahrzeugfront der Zugseilauslauf. Der Seilauslauf kann unterschiedlich ausgeführt sein. Aktuell kommen Seiltrompeten oder schwenkbare Umlenkrollen zum Einsatz. Die Seiltrompeten werden aus einem Kunststoff hergestellt. Es handelt sich dabei um ein wechselbares Verschleißteil. Durch die Reibungskräfte beim Ein- oder Ausfahren des Zugseils wird nicht das Zugseil, sondern der Kunststoff der Seiltrompete abgerieben, dadurch ist der Seilabrieb unbedenklich. Sollten die Abrieb- und Einlaufspuren in der Seiltrompete zu stark werden, dann ist die Trompete durch eine neue zu ersetzen. Der mögliche Schrägzugwinkel ist auf 25° (wie in der DIN 14584 gefordert) begrenzt.

Abbildung 13:
Zugseilauslauf durch Seiltrompete
(Quelle: Siekaup)

Ein größerer Schrägzugwinkel würde den Verschleiß an der Trompete und am Zugseil deutlich erhöhen.

Bei einem Seilauslauf über eine schwenkbare Umlenkrolle sind auch größere Schrägzugwinkel möglich. Dabei ist dann aber zu beachten, dass die Zugkraft nicht in vollem Umfang ausgenutzt werden darf.

Abbildung 14:
Zugseilauslauf über schwenkbare Umlenkrolle (Quelle: Siekaup)

> **Sicherheitshinweis**
> Die möglichen größeren Schrägzugwinkel sind fahrzeugbezogen aus der Bedienungsanleitung zu entnehmen.

4.1.2 Schutzeinrichtungen

Die verschiedenen Regelwerke, welche bei der Entwicklung und Herstellung von maschinellen Zugeinrichtungen beachtet werden müssen, fordern gewisse Schutzmaßnahmen, damit ein sicherer Betrieb jederzeit gewährleistet werden kann. Dabei handelt es sich z.B. um:

- Roteinfärbung des Drahtseils kurz vor dem Ende der Nutzlänge
- Sensoren zur Drahtseilüberwachung (z.B. Schlaffseil, Seilende)

- Not-Aus-Schalter
- Seil-Haltebremse
- Totmannschalter
- Hydraulische Überlastsicherung (Druckbegrenzungsventil)
- Elektronische Überlastsicherung

4.1.3 Bestimmungsgemäße Verwendung

Bei der Bedienung und Anwendung von maschinellen Zugeinrichtungen sind generell die Hinweise der Hersteller zu beachten, damit die Lebensdauer der Technik erhöht und immer ein sicherer Betrieb ermöglicht werden kann.

Sie dürfen in den folgenden Anwendungen eingesetzt werden:

- Bergen von Fahrzeugen
- Selbstbergung
- Teilweises Anheben eines Fahrzeugs
- Die bewegten Lasten müssen immer bodenhaftend sein, auch beim teilweisen Anheben.
- Das Bewegen der Lasten ist auf Flächen bis zu einer Neigung von 45° erlaubt.
- Die Winden dürfen nur in Fahrzeuge montiert werden, die für die entsprechenden Funktionen vorgesehen sind.
- Personentransporte, Abschlepparbeiten und Hubbetrieb sind nicht erlaubt.

4.1.4 In- und Außerbetriebnahme

Der Vorgang zur In- und Außerbetriebnahme von hydraulisch angetriebenen Seilwinden ist in vielen Punkten identisch, unabhängig vom Hersteller. Im Folgenden wird beispielhaft ein Vorgang zur Inbetriebnahme einer Seilwinde beschrieben.

■ Inbetriebnahme

1. Nebenantrieb einschalten (ggf. Kupplung treten) und Antriebsmotor auf die vorgegebene Arbeitsdrehzahl für Windenbetrieb bringen, sofern die Drehzahlerhöhung nicht automatisch erfolgt.
2. Winde am Bedienteil einschalten; bei einigen Typen erfolgt eine Initialisierungsphase. Im Anschluss erscheint die Meldung der Betriebsbereitschaft.
3. Das Drahtseil wird mit der Fernbedienung ausgefahren oder bei einer Trommelwinde im ausgekuppelten Zustand von Hand zur Last hin abgezogen. Sobald die rote Seilfärbung sichtbar wird, sollte das Ausziehen des Zugseils beendet werden.
4. Das Drahtseil sollte vor dem Anschlagen ein bis drei Umdrehungen in Drehrichtung der Seillitzen zugedreht werden, dies festigt den Seilverband. Drahtseil mit geeigneten Anschlagmitteln an der Last anschlagen.
5. Die Winde einkuppeln oder die Betriebsart „Lastgang" wählen.
6. Last heranziehen, durch Betätigen des Bedienelements (Joystick, Wipptaster o.ä.) Richtung „Seil ein" kann die Bewegung mit Gefühl durchgeführt werden. Je weiter das Bedienelement betätigt wird, desto schneller ist die Zuggeschwindigkeit.
7. Last halten, durch Loslassen des Bedienelements wird die Last gehalten.
8. Entlasten oder Last ablassen, ist durch Betätigen des Bedienelements in Richtung „Seil aus" möglich.

■ Außerbetriebnahme

1. Unbelastetes Drahtseil von Last lösen.
2. Bei Bedarf Drahtseil mit klarem Wasser und einer Bürste reinigen. Seil möglichst trocknen lassen. Keine Reinigung mit Hochdruckreiniger oder Dampfstrahler.
3. Drahtseil einfahren, Trommelwinde unter Last, dabei das Drahtseil auf Beschädigung überprüfen. Die Endposition ist erreicht, wenn die Seil-

kausche im großzügigen Bogen kraft- und knickfrei vor dem Seilauslauf abgelegt und fixiert ist.

4. Bedienteil ausschalten (ggf. Bedienteil abkoppeln).
5. Nebenantrieb ausschalten.

Nach jedem Einsatz mit der Windenanlage sollte eine Sichtkontrolle der kompletten Anlage durchgeführt werden. Sollten Mängel erkannt werden, sind diese der verantwortlichen Person zu melden.

Sicherheitshinweise

- Die Seilspannung ist grundsätzlich langsam aufzubauen, ruckartige Bewegungen müssen vermieden werden.
- Das Drehen der Last ist zu vermeiden, es darf kein Wirbelhaken verwendet werden, da sich das Seil aufdrehen kann (Korbbildung).
- Zulässige Schrägzugwinkel dürfen nicht überschritten werden.
- Optische und akustische Warnsignale sind zu beachten.
- Die Seilabspulung sollte sofort beendet werden, sobald die rote Markierung auf dem Seil sichtbar wird.
- Das Drahtseil darf nicht mit Dampfstrahler oder Hochdruckreiniger gereinigt werden.
- Die Seilpflege sollte nach Herstellerangaben erfolgen.
- Seilende mit ca. 30 cm Abstand zum Seilauslauf ist die korrekte Transportstellung.

4.1.5 Notbetrieb

Bei Ausfall der elektronischen Steuerung können mit der Notbedienung direkt die Hydraulikventile zum Aus- und Einfahren des Seils betätigt werden. Die Sicherheitsfunktionen (Sensoren) sind dabei außer Kraft gesetzt. Eine Überlastung wird durch die Hydraulikkomponenten ausgeschlossen.

Die Notbetätigung der Winde ist nur in folgenden Fällen erlaubt:

- Entspannen des unter Last stehenden Seiles
- Einfahren des Seiles ohne Last in Transportlage
- Abschließen eines Zugvorgangs

Sicherheitshinweise

- Die Anwendung setzt eine grundlegende Einweisung in den Notbetrieb voraus.
- Das Abspulen des Seils ist zu beenden, sobald rot eingefärbtes Drahtseil am Seilauslauf erscheint. Sensoren zum Seilende sind nicht aktiv.
- Funktionsstörungen der Anlage sind umgehend und vor einer weiteren Verwendung durch geschultes Fachpersonal zu beheben.

4.2 Rotzler Treibmatic

Die Rotzler Gruppe ist ein Unternehmen mit Hauptsitz in Deutschland, welches Seilwinden für verschiedene Bereiche mit unterschiedlichen Anforderungen weltweit herstellt. Aus dem Rotzler Sortiment findet man bei der Feuerwehr häufig Seilwinden aus der Produktreihe „Treibmatic". Bei dieser Winde wird über die gesamte Seillänge eine gleichbleibende Zugkraft ermöglicht.

Bei der Winde mit der Bezeichnung „TR030 Fire" handelt es sich um eine maschinelle Zugeinrichtung, welche unter Berücksichtigung der Anforderungen für die Feuerwehren nach DIN 14584 konstruiert wurde.

4.2.1 Funktionsprinzip der Treibmatic

Mit der Treibmatic wurde die bisher gängige Trommelwinde durch eine Spillwinde ersetzt. Das Drahtseil wird von der Last herkommend zum Seileinlauf geführt und in mehreren nebeneinander liegenden Windungen um die beiden Spilltrommeln geschlungen. Eine Anpressscheibe erzeugt die entsprechende Vorspannkraft an der Treibmatic, damit die Zugkraft aufgebracht werden kann. Am Seilaustritt läuft das Drahtseil lastlos aus und wird über eine Rollenbahn in die Speichertrommel geführt und dort abgelegt.

Die Abbildung 15 zeigt ein Modell von der Treibmatic. Mit darauf zu sehen ist die Zusatzoption „2-strängiger Heckzug“. Bei der Standardversion „TR 030 Fire“ entfällt die Kassette für die lose Rolle sowie die frontseitige Seilendfixierung.

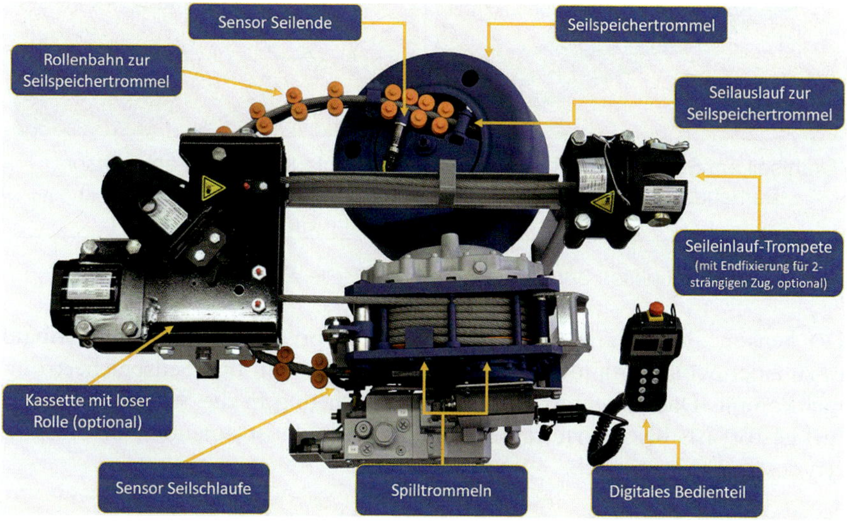

Abbildung 15: Komponenten der Rotzler Treibmatic (Quelle: Rotzler/Siekaup)

Das Drahtseil wird durch Sensoren zwischen den Spilltrommeln und der Seilspeichertrommel überwacht. Der am Speichertrommeldeckel angebrachte Sensor überwacht das Seilende. Sobald das Seil komplett aus der Speichertrommel heraus ist, wird die Windenanlage durch den Sensor Seilende gestoppt.

Drahtseil am Sensor Seilschlaufe straff, Betriebszustand in Ordnung	Schlaufenbildung am Sensor Seilschlaufe, Seileinlauf in Seilspeicher gestört

Abbildung 16: Funktion Sensor Seilschlaufe (Quelle: Siekaup)

Der Sensor „Seilschlaufe" veranlasst einen Stopp der Seilbewegung, sobald es zu einer Schlaufenbildung zwischen Spilltrommeln und Seilspeichertrommel kommt. Das bedeutet, dass die Seileinführung in die Seilspeichertrommel gestört ist. Bei aktiviertem Sensor Seilschlaufe ist nur noch ein Ausfahren des Zugseils möglich.

Hinweis: Eine Störung des Seileinlaufs in den Seilspeicher tritt meistens nur dann auf, wenn zuvor das Seilende (Sensor „Seilende") angefahren wurde. Daher sollte man mit Erscheinen der roten Seilendmarkierung die Ausfahrbewegung stoppen.

4.2.2 Digitales Bedienteil

Die Steuerung der Windenanlage erfolgt über ein Bedienteil, welches über ein Spiralkabel an die Windenanlage angeschlossen wird. Das Bedienteil wird standardmäßig mit einer Notbetätigung ausgeliefert.

Es sind je nach Kundenwunsch verschiedene Konfigurationen der Windenanlage verfügbar. Das bedeutet, dass nicht alle Winden dieselben Funktionen haben. Die möglichen Funktionen werden in der folgenden Tabelle erläutert.

Tabelle 1: Digitales Bedienteil Tastenfunktionen (Quelle: Rotzler/Siekaup)

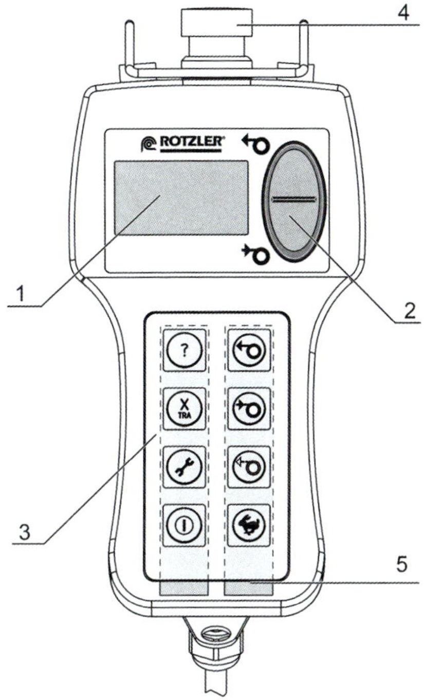	(1) Display, beleuchtet (2) Wipp-Taster **SEIL EIN / SEIL AUS** (3) Tastenfeld mit acht programmierbaren Bedientasten (4) NOT-AUS-Taster (5) Einschubstreifen
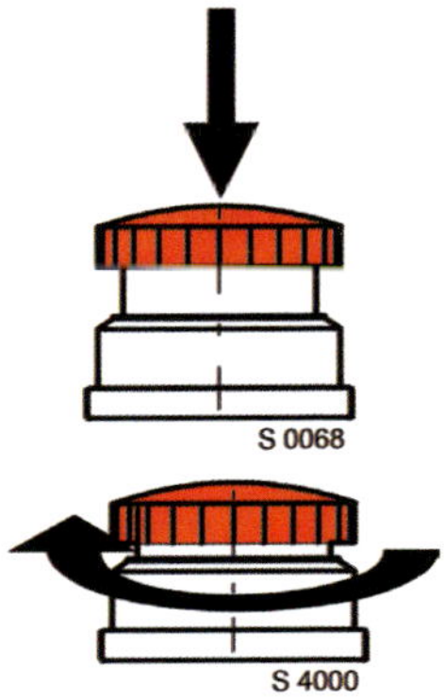	**NOT-AUS / STOPP-Taster** Das Drücken dieses Tasters setzt die Windenanlage still. Ein weiteres Arbeiten mit der Windenanlage ist in dieser Stellung nicht möglich. Dieser Taster darf nur in Notsituationen benutzt werden. Wiederaktivieren der Winde: • Not-Aus-Taster entriegeln • Winde aus- und wieder einschalten

	**Wipp-Taster** Wipp-Taster zum Anwählen der Zugeinrichtung **SEIL EIN** / **SEIL AUS**. Je stärker der Wipp-Taster in eine der Zugrichtungen betätigt wird, desto höher ist die Seilgeschwindigkeit. Beim Loslassen schaltet er in die Neutralstellung (Totmannschaltung)
	**Taste Ein / Aus** Taster mit Kontrollleuchte zum Ein- und Ausschalten des Bedienteils
	**Taste Menüführung** Taste zum Aufrufen und Konfigurieren der Geräteeinstellungen bzw. zum Lesen der Kurz-Bedienungsanleitung
	**Taste HILFE** Bei gedrückter Taste werden während des Windenbetriebs in der untersten Zeile des Displays die Tastensymbole der momentan anwählbaren Funktionen angezeigt.
	**Betriebswahltaster** Taster zum Umschalten der Betriebsart LASTGANG und SCHNELLGANG. Der Schnellgang kann nur bei entlastetem Seil eingeschaltet werden. Das Symbol Hase im Display bedeutet, dass der SCHNELLGANG aktiv ist. Die Betriebsart LASTGANG wird durch das Symbol Schildkröte gekennzeichnet.

	**Taste EXTRAPOWER** (war optional, aktuell nicht mehr verfügbar) Die Taste EXTRAPOWER ist nur bei Überlast aktivierbar. Hierdurch wird eine kurzzeitige dynamische Lasterhöhung erreicht. Die Funktion ist so lange aktiv, wie die Taste gedrückt wird.
	**Taste Automatic SEIL AUS** (optional) Diese Funktion wird durch 2 Sekunden langes Drücken der Taste aktiviert. Die Trommeln drehen unter dem stehenden Drahtseil durch. Sobald am Seil gezogen wird, spult die Winde ab. Die Funktion wird durch erneutes Drücken der Taste, durch Betätigen des Wipp-Tasters oder automatisch nach maximal 3 Minuten wieder ausgeschaltet.
 	**Taste Vorwahl SEIL AUS** Mit dieser Taste wird die Funktion **SEIL AUS** vorgewählt. **Taste Vorwahl SEIL EIN** Mit dieser Taste wird die Funktion **SEIL EIN** vorgewählt. Bei aktivierter Richtungsvorwahl kann mit dem Wipptastor nur die vorgewählte Richtung gefahren werden. Ein unbeabsichtigtes Fahren in die falsche Richtung wird dadurch verhindert. Wird der Wipptaster für länger als 10 Sekunden nicht betätigt, wird die Funktion der Richtungsvorwahl automatisch deaktiviert.

Im Display der Fernbedienung wird dem Bediener der aktuelle Betriebszustand angezeigt. Das Display wird in folgende Bereiche eingeteilt:

- **Oberer Bereich:** Symbole zur Kennzeichnung des Betriebszustands
- **Mittlerer Bereich:** Meldungen
- **Unterer Bereich:** Belastungsanzeige
- **Rechte Seite:** aktivierte Funktion SEIL EIN oder SEIL AUS

Abbildung 17:
Beispiel Displayanzeige
(Quelle: Rotzler)

Die Bedeutungen der Betriebszustandssymbole werden in der folgenden Tabelle erläutert.

Tabelle 2: Bedeutung Betriebszustandssymbole (Quelle: Rotzler/Siekaup)

	**Symbol „Hase“** Betriebsart SCHNELLGANG ist aktiv. In dieser Betriebsart wird das Drahtseil mit höherer Geschwindigkeit ein- oder ausgefahren, die Winde arbeitet mit reduzierter Kraft. Bei Erreichen der maximal zulässigen Kraft (ca. 15 kN) für die Betriebsart SCHNELLGANG erfolgt automatisch eine Umschaltung in die Betriebsart LASTGANG.
	**Symbol „Schildkröte“** Betriebsart LASTGANG ist aktiv. In dieser Betriebsart wird die Last herangezogen bzw. abgelassen. Kleine Seilgeschwindigkeit bei maximaler Zugkraft. Das Schalten von Betriebsart LASTGANG in SCHNELLGANG ist nur bei Neutralstellung des Wipp-Tasters möglich.

	**Symbol „Error“** Winde befindet sich im Fehlerzustand. Beim Auftreten von Fehlern wird der Fehlercode angezeigt und das Symbol blinkt. Die Anzeige erlischt, nachdem die Ursache für den Fehler behoben und die Spannungsversorgung aus- und wieder eingeschaltet worden ist.
	**Symbol „EMERG. STOP“** NOT-AUS / STOPP-Taster wurde betätigt.
	**Symbol „EXTRAPOWER“** Funktion „EXTRAPOWER“ ist aktiv.
	**Symbol „AUTO“** Funktion „Automatic SEIL AUS“ ist aktiv.
	**Symbol „MAX“ (Überlast)** Die Winde befindet sich im Überlastbereich. Die maximale Zugkraft ist erreicht. Das Symbol blinkt.
	**Symbol „SEIL AUS“** Die Funktion „Vorwahl SEIL AUS“ ist aktiv.
	**Symbol „SEIL EIN“** Die Funktion „Vorwahl SEIL EIN“ ist aktiv.
	**Symbol „SEILENDE“** Das Seilende ist erreicht. Sobald das Drahtseilende den Sensor an der Speichertrommel passiert hat, erscheint die Anzeige „SEILENDE! Nur **SEIL EIN** möglich“ Das Symbol blinkt. Gleichzeitig wird der Vibrationsalarm aktiviert. Die Winde kann nur noch in Richtung **SEIL EIN** bewegt werden.

Symbol „SEILSCHLAUFE“

Es hat sich eine Seilschlaufe zwischen Seilspeicher und Spilltrommel gebildet, während das Drahtseil in Richtung **SEIL EIN** bewegt wurde, weil z.B. die Speichertrommel nicht gedreht hat. Dann erscheint die Anzeige „SEILSCHLAUFE! Nur **SEIL AUS** möglich“. Das Symbol blinkt. Gleichzeitig wird der Vibrationsalarm aktiviert. Die Winde kann nur noch in Richtung **SEIL AUS** bewegt werden, bis das Problem beseitigt ist.

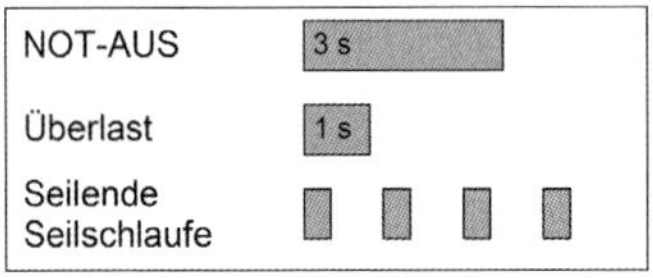

Vibrationsmodul

Das Bedienteil enthält ein Vibrationsmodul, mit Hilfe dessen der Anwender auf verschiedene Ausnahmezustände der Windenanlage aufmerksam gemacht wird.

- Im Einzelnen sind dies:
- Auslösen des NOT-AUS
- Überlast
- Warnung bei Seilende oder Seilschlaufe

Belastungsanzeige

Die Belastungsanzeige zeigt die aktuell wirkende Belastung der Treibmatic an. Nur in der Betriebsart Lastgang kann anhand des prozentualen Ausschlags die wirkende Zugkraft abgeleitet werden.

4.2.3 Technische Daten Rotzler Treibmatic

Neben dem Typ „TR 030 Fire“ kommt auch der Typ „TR 080“ bei einigen Feuerwehren zum Einsatz. Häufig findet man diese Baugröße am Heck eines Feuerwehrkrans. In der Tabelle sind beispielhaft einige technische Daten aufgeführt.

Tabelle 3: Technische Daten Rotzler Treibmatic (Quelle: Rotzler)

Typ	Nennzugkraft		max. Seilgeschwindigkeit		Ø Seil mm
	Lastgang	Schnellgang	Lastgang	Schnellgang	
TR030	58 kN	12 kN	10 m/min	27 m/min	13
TR080	92 kN	15 kN	8 m/min	27 m/min	16

4.3 HPC Trommelwinde

Seit über 50 Jahren entwickelt die Firma HPC Seilwinden mit hoher Qualität für maximale Einsatzsicherheit, welche bei Feuerwehren, Transport-Dienstleistern und Logistikern im klassischen Nutzfahrzeugbereich im Einsatz sind.

Die Trommelwinde vom Typ „Herz 500“ ist mit ihrer kompakten Bauweise die am häufigsten verbaute Winde für den Bereich der Feuerwehrfahrzeuge. Sie ist vollhydraulisch betrieben. Die Technik ist solide und nach erfolgter Einweisung einfach in der Bedienung.

4.3.1 Funktionsprinzip der Trommelwinde HPC

Das Windenseil wird auf einer Seiltrommel aufgespult. Das Seilende ist an der Innenseite einer Bordscheibe befestigt. Die Aufspulung beginnt mit vier Sicherheitswindungen. Diese sind notwendig, damit durch deren Reibungskräfte die volle Zugkraftübertragung gewährleistet werden kann. Bei der weiteren Aufspulung ergeben sich insgesamt vier Seillagen auf der Trommel. Da der Trommelantrieb aus der Mitte erfolgt, reduziert sich mit jeder weiteren Lage aufgrund des länger werdenden Lastarms die Zugkraft um ca. 4 kN. Das bedeutet, dass bei dieser Winde keine konstante Zugkraft gewährleistet werden kann.

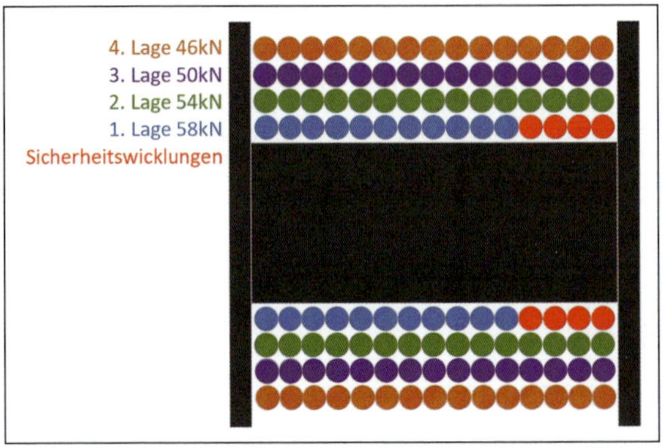

Abbildung 18:
Funktionsprinzip HPC Trommelwinde (Quelle: Siekaup)

Grundsätzlich ist bei der Anwendung darauf zu achten, dass die Seilwicklung auf der Trommel mit einer gewissen Vorspannung erfolgt (ca. 15 kN). Dadurch wird eine satte, gleichmäßige Aufwicklung erzeugt. Sollte das Seil zu locker auf der Trommel sein, kann es zu erhöhten Reibungskräften kommen, welche den Zustand des Drahtseils negativ beeinflussen. Zudem besteht die Gefahr, dass sich das Windenseil beim Anzug der Last in die unteren Lagen einschnürt und somit die sichere und reibungslose Funktion beeinträchtigt. Durch die Seilandruckrolle wird ein Aufdolden des Seils auf der Seiltrommel verhindert. Die automatische Seilwickelvorrichtung sorgt dafür, dass die Seilauf- und abwicklung jederzeit unter dem notwendigen Ablenkwinkel von 3° bleibt. Dazu erfolgt die Seilführung durch ein zwangsgesteuertes Seilfenster.

Abbildung 19:
Bewegliche Seilführung auf Kreuznutwelle (Quelle: Siekaup)

Drahtseil straff aufgewickelt; Betriebszustand in Ordnung	Drahtseil zu locker mit Einschnürungen in den unteren Lagen; Betriebszustand nicht in Ordnung

Abbildung 20: Unterschied zwischen straffer und lockerer Seilwicklung (Quelle: Siekaup)

Hinweis: Die Wicklung auf dem rechten Bild in der Abbildung 20 hatte zur Folge, dass das Seil mit Hand nicht mehr ausgezogen werden konnte. Es wird empfohlen, regelmäßig einen Blick auf die Trommel zu werfen. Der Hersteller gibt ohnehin an, nach jedem Einsatz die Seilwinde mit der empfohlenen Vorspannkraft aufzuwickeln und eine Sichtprüfung durchzuführen.

4.3.2 Bedienelemente

Die Windensteuerung erfolgt über eine kabelgebundene proportionale Bedieneinheit, die sich in der Regel neben dem Fahrersitz befindet.

Abbildung 21: Bedieneinheit HPC Winde (Quelle: Siekaup)

Mit dem Windenbetriebsschalter wird die Seilwinde eingeschaltet. Voraussetzung zur Anwendung der Seilwinde ist zudem noch der eingelegte Nebenantrieb.

Mit dem Kupplungsschalter wird die Seiltrommel ein- oder ausgekuppelt. Im ausgekuppelten Zustand (Kupplungsschalter gezogen) befindet sich die Seiltrommel im Freilauf. In diesem kann das Zugseil mit Hand ausgezogen und an der Last angeschlagen werden. Um die Last mit der Winde ziehen zu können, muss die Seiltrommel eingekuppelt werden. Dazu wird der Kupplungsschalter gedrückt. Sollte die Seilwinde nicht sofort selbst einkuppeln, ist ein kurzer Zug mit Hand am Windenseil erforderlich, damit der Kupplungsbolzen einrasten kann. Der eingerastete Kupplungsbolzen wird durch den leuchtenden Kupplungsschalter signalisiert.

Die Warnleuchte leuchtet auf, sobald die vier Sicherheitswindungen auf der Seiltrommel unterschritten sind. In diesem Zustand ist die Zugkraft auf ca. 15 kN begrenzt. Das Ablassen der Last mittels Fernbedienung ist nicht mehr möglich. Durch eine Hupe wird das Unterschreiten der Sicherheitswicklungen zusätzlich auch noch akustisch signalisiert.

Hinweis: Vor dem Erreichen des oben beschriebenen Zustands ist eine rote Markierung am Seil erkennbar. Diese Markierung ist Signal dafür, dass das Seilende fast erreicht ist. Das Seil soll nicht weiter abgelassen werden.

Die Seilgeschwindigkeit wird durch die Auslenkung des Joysticks beeinflusst. Je größer der Ausschlag des Joysticks, desto mehr Öl erreicht den Hydraulikmotor und umso schneller läuft die Winde. Je nachdem, in welche Richtung der Joystick ausgelenkt wird, kann man mit der Winde gefühlvoll ziehen oder ablassen.

In der Nähe der Bedieneinheit befindet sich ein Manometer, welches den aktuellen Öldruck in der äußeren Skala der Windenanlage anzeigt. In der inneren Skala kann die ungefähre aktuelle Zugkraft abgelesen werden.

Abbildung 22:
Manometer, Öldruck- und Zugkraftangabe (Quelle: Siekaup)

Sicherheitshinweise

- Das Ausziehen des Zugseils sollte nur mit Hand erfolgen und nicht durch das Fahren mit dem Fahrzeug.
- Sobald die rote Markierung am Seil sichtbar wird, sollte das Abziehen des Zugseils beendet werden.
- Nach dem Windenbetrieb sollte das Seil mit ca. 15 kN Zugkraft aufgewickelt werden. Dadurch wird bei Zugarbeiten gewährleistet, dass die obere Seillage nicht in die unteren Seillagen einschnürt.

4.3.3 Schlaffseil- und Sicherheitsschaltung

Die Schlaffseil- und Sicherheitsschaltung wird über einen Kontaktstab realisiert. Durch diese Schaltung wird gewährleistet, dass

1. beim Ablassen des Seils ein Aufdolden des Seils auf der Trommel verhindert wird und dass sich der Seilverband auf der Windentrommel nicht lockert. Sobald das unbelastete Seil Kontakt mit dem Kontaktstab bekommt, wird die Richtung „Ablassen" abgeschaltet. Dadurch wird verhindert, dass sich die straffe Wicklung auf der Trommel (guter Seilverband) lockert.
2. die Seilwinde nur dann ausgekuppelt werden kann, wenn das Stahlseil den Kontaktstab berührt und somit unbelastet ist.

4.3.4 Technische Daten

Aus dem Hause HPC wird standardmäßig die Trommelwinde vom Typ „Herz 500" bei Feuerwehrfahrzeugen eingebaut.

Tabelle 4: Technische Daten HPC Trommelwinde Herz 500 (Quelle: HPC Maschinenbau GmbH & Co.KG)

Seillage	Zug-/Hubkraft	Seillänge Seil-Ø 14 mm	Seilgeschwindigkeit unabhängig von der Zuglast stufenlos bei ca. 60 m/min
	(kN)	(m)	(m/min)
1.	58	13	0–11
2.	54	28	0–12
3.	50	44	0–13
4.	46	60	0–14

4.4 Pomp Trommelwinde

Die Pomp Seilwindensysteme kommen in vielen Nutzfahrzeugen zur Anwendung. Im Bereich der Feuerwehren findet der Typ „Spulmat Classic" am häufigsten Verwendung. Durch die überdimensionierte Trommelwinde wird eine gleichbleibende Zugkraft auf allen Seillagen ermöglicht. Die verbaute Elektronik ermöglicht eine gute Darstellung der aktuellen Schaltzustände und gewährleistet zudem größtmögliche Sicherheit.

4.4.1 Funktionsprinzip der Trommelwinde Pomp

Grundsätzlich ist bei dieser Winde das Funktionsprinzip identisch mit dem der unter Kapitel 4.3.1 beschriebenen Trommelwinde von HPC. Allerdings ist die Winde der Firma Pomp stärker dimensioniert. Dadurch ist selbst in der obersten Lage noch eine Zugkraft von mehr als 50 kN möglich. Diese Trommelwinde ermöglicht unabhängig von der Seillage eine konstante Zugkraft. Um die Anforderungen der DIN 14584 (Nennzugkraft 50 kN) einzuhalten, wird die Zugkraft permanent durch Dehnungsmessstreifen zwischen Seilwinde und Fahrgestellrahmen überwacht, wodurch die Abschaltung des Windenantriebs bei Erreichen der Nennzugkraft sichergestellt wird.

Abbildung 23: Pomp Trommelwinde im Fahrgestellrahmen (Quelle: Siekaup)

Die Seilaufwicklung soll bei der Pomp Trommelwinde auch immer straff mit einer Vorspannung von ca. 15 kN erfolgen. Dadurch wird der Seilverband gefestigt und das Einschnüren des Zugseils in die unteren Seillagen verhindert. Die Andruckrolle und die automatische Seilwickelvorrichtung sorgen für eine korrekte Seilaufwicklung.

4.4.2 Bedienelemente

Zur Steuerung der Seilwinde steht eine akkubetriebene Funk-/Kabelfernbedienung zur Verfügung. Durch das beleuchtete Display kann die Steuerung auch bei Dunkelheit sicher bedient werden. Alle wichtigen Daten werden im Klartext und Grafik angezeigt. Dadurch kann eine größtmögliche Sicherheit ermöglicht werden.

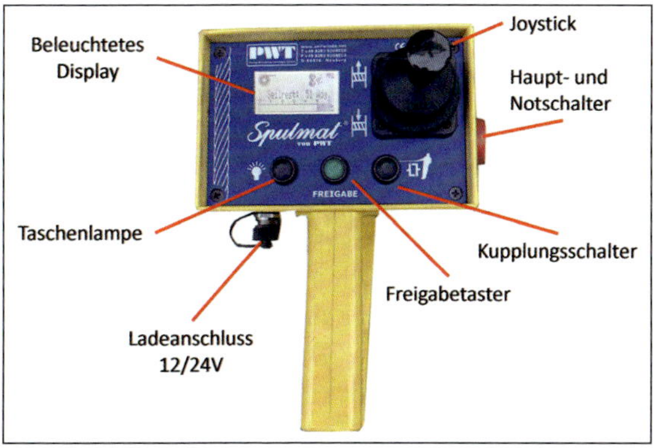

Abbildung 24:
Funk-/ Kabelfernbedienung Pomp
(Quelle: Siekaup)

Die Überwachung aller wichtigen Daten und Meldungen wie:

- Restseil zum Ablassen,
- ausgekuppelt für Seilauszug,
- Seilende,
- Überlast,
- Schlaffseil oder
- bei Fehlbedienung z.B. „nicht kuppeln – erst entlasten“

werden als Text im Display angezeigt. In Kombination mit zusätzlichen Warntönen erleichtert es die Konzentration im Einsatz.

Im Lastbetrieb führen:

- Überlast
- Schlaffseil
- Seilende

zum Automatikstopp. Gegenläufige Bewegungen bleiben möglich. Viele Störungen werden erkannt, gemeldet und mögliche Schaltoptionen angezeigt.

Mit dem Haupt-/Notausschalter wird die Bedieneinheit ein- und ausgeschaltet. Sämtliche Schaltungen erfolgen nur zusammen mit dem betätigten Freigabetaster (Zweihandsteuerung). Das Auskuppeln der Seiltrommel erfolgt also nur, wenn der Freigabetaster gleichzeitig mit dem Kupplungsschalter betätigt wird. Die Seilbewegungen, **SEIL EIN** oder **SEIL AUS**, mit dem Joystick werden erst dann ermöglicht, wenn zuvor der Freigabetaster für die Dauer der Joystickauslenkung gehalten wird. An der Front der Fernbedienung befindet sich eine LED Taschenlampe. Durch kurzes Halten des Schalters Taschenlampe wird diese eingeschaltet. Über den Ladeanschluss kann der Akku der Fernbedienung aufgeladen werden. Die kabelgebundene Anwendung der Seilwinde ist mit eingestecktem Ladekabel auch möglich.

Tabelle 5: Bedeutung Displayanzeigen (Quelle: Pomp/Siekaup)

	Meldung nach dem Einschalten des Nebenantriebs und des Hauptschalters am Bedienteil während des automatischen Sicherheitstests des P14F07-Systems.
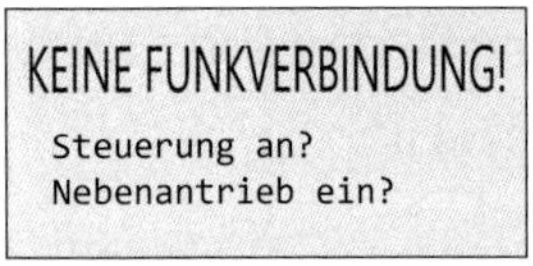	Spannungsversorgung des Empfängers unterbrochen? Nebenantrieb einschalten. Sollte keine Funkverbindung zu Stande kommen, ist der Betrieb mit angeschlossenem Ladekabel möglich!
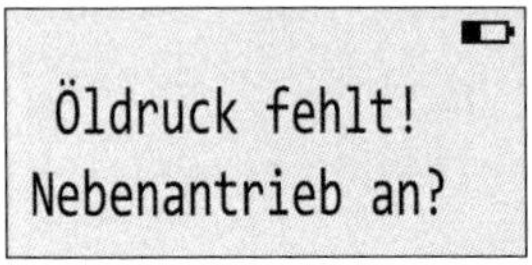	Wenn nach dem Einschalten des Nebenantriebs im Fahrzeug diese Meldung erscheint, prüfen Sie 1. ob versehentlich die Fahrzeugkupplung getreten, oder 2. ob mit dem Lösen der Handbremse der Nebenantrieb automatisch ausgekuppelt wurde.
	Grundstellung, Steuerhebel noch gesperrt. Freigabe drücken. Arbeitsstellung nach gedrückter Freigabe.

	Lastbetrieb (Anziehen, Ablassen) ist möglich (hier Last = 0,5 t, Seilrest 42 W (Windungen) ≈ 42 m, 1 Windung entspricht ca. 1 m).
	Bei starkem Schrägzug beachten: Die Balkenmarkierung unten zeigt die Zugkraftgrenze 15 (-20) kN für Schrägzug über 25°. Siehe Schild am Seilaustritt! Die meisten LKW-Hersteller lassen 50 kN bis 25° zu.
	AUTOMATIKSTOP Freigabe gedrückt, Steuerhebel **SEIL AUS** mangels Zug am Seil gesperrt, das schützt die Seilwicklung – **SEIL EIN** ist möglich – auskuppeln ist möglich
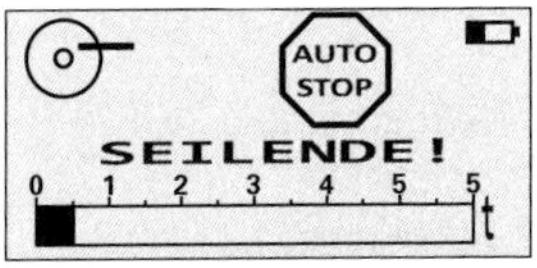	AUTOMATIKSTOP Freigabe gedrückt, Steuerhebel **SEIL AUS,** Ablassen im Lastbetrieb gesperrt, da kein Seil mehr zum Ablassen verfügbar ist! **SEIL EIN** ist möglich
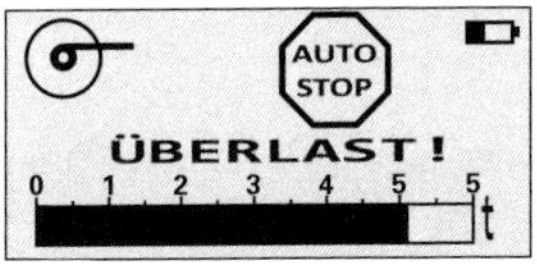	AUTOMATIKSTOP Freigabe gedrückt, Steuerhebel **SEIL EIN** nach Überschreiten der max. Zugkraft gesperrt! **SEIL AUS** ist möglich.
	Nach AUTOMATIKSTOP (z.B. Überlast, Schlaffseil, Seilende...) der Joystick steht auf **SEIL EIN** bzw. **SEIL AUS**, Joystick muss nach Unterbrechung immer aus der Mittelstellung starten, um sanften Anlauf zu sichern.
	Auskuppeln der Seiltrommel wird verweigert, weil das Seil gespannt ist! Ablassen über Steuerung, bis Schlaffseilmeldung erscheint. Dann erneut Kupplungsschalter betätigen.

	Seiltrommel ist ausgekuppelt. Das Seil kann mit Hand ausgezogen werden. Restseilmeldung beachten! **SEIL EIN** und **SEIL AUS** ist erst nach dem Einkuppeln möglich.
	Das Seil kann im Schnellauszug über die vier Sicherheitswindungen hinweg ausgezogen werden, wenn die Restseilmeldung nicht beachtet wird und eine mechanische Sperre gelöst bzw. überwunden wird! Es sind nicht mehr genügend Windungen auf der Trommel, um die Lasten sicher zu halten! **SEIL EIN** ohne Last ist möglich, bis Meldung erlischt!
	Seiltrommel ist ausgekuppelt. Der Einkuppelvorgang ist eingeleitet. Der Freigabeknopf muss gehalten werden, bis die Kupplungsklauen übereinanderstehen und das sichere Einrasten gemeldet ist.
	Freigabe gedrückt, Steuerhebel steht auf **SEIL EIN**. Kausche ist kurz vor der Schwenkrolle. Sicherheitsschaltung für den Anschläger verlangt ab jetzt minimale Last. Sonst „Handschutz Stop“!
	AUTOMATIKSTOP Unbelastetes Seil wird vor der Schwenkrolle eingehängt und leicht gespannt. Sicherheitsschaltung für den Anschläger stoppt, wenn die Schlaffseilsituation überschritten ist.

Auf dem Display wird permanent die Zugkraft in einem Balkendiagramm dargestellt. Erzeugt wird die Kraftanzeige über die Dehnungsmessstreifen. Der ausgefüllte Balken zeigt die aktuell wirkende Zugkraft; die senkrechte Markierung im Anzeigebereich zeigt die maximal aufgetretene Zugkraft im aktuellen Zugvorgang.

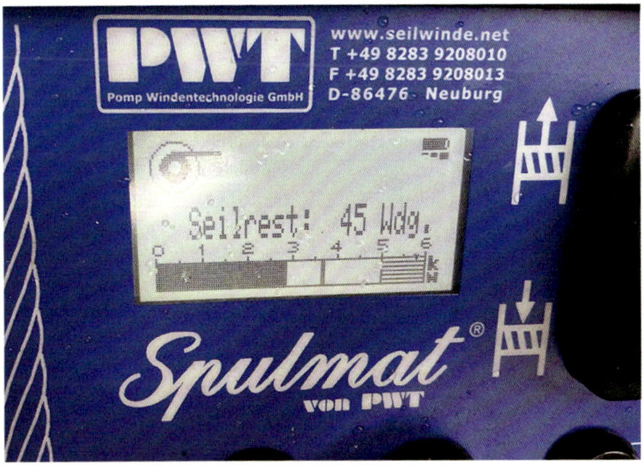

Abbildung 25: Zugkraftanzeige im Display der Fernbedienung (Quelle: Siekaup)

Neben den Displaymeldungen ertönt ab 10 Restseilwindungen zusätzlich ein Warnton. Der Anwender erhält somit rechtzeitig eine Warnung darüber, dass das Seilende in Kürze erreicht wird.

Die Selbstbergefunktion kann durch eine bewusste Handlung des Bedieners zugeschaltet werden. Diese ermöglicht einen Betrieb der Seilwinde auch dann, wenn die Feststellbremse vom Fahrzeug gelöst ist. Dadurch ist das Fahrzeug dazu in der Lage, sich selbst herauszuziehen, falls es sich mal festgefahren hat.

Sicherheitshinweise

- Das Ausziehen des Zugseils sollte nur mit Hand erfolgen und nicht durch das Fahren mit dem Fahrzeug.
- Sobald die rote Markierung am Seil sichtbar wird oder das Warnsignal ab 10 Restseilwindungen ertönt, sollte das Abziehen des Zugseils beendet werden.
- Nach dem Windenbetrieb sollte das Seil mit ca. 15 kN Zugkraft aufgewickelt werden. Dadurch wird bei Zugarbeiten gewährleistet, dass die obere Seillage nicht in die unteren Seillagen einschnürt.

4.4.3 Technische Daten

Tabelle 6: Technische Daten Spulmat Trommelwinde (Quelle: Pomp)

Nennzug- und Hubkraft	50 kN (auf voller Seillänge)
Schlepplast akustisch abgesichert bis	50 kN
Nutzbare Seillänge	55 m
Seildurchmesser	13 mm
Zulässiger Schrägzugwinkel • bei Volllast einsträngig • bis 20 kN einsträngig • bei Volllast zweisträngig	 maximal 25° maximal 90° maximal 10°

4.5 Zweisträngiger Zug nach hinten

Alle aufgeführten Seilwindenhersteller können neben dem einsträngigen Zug an der Fahrzeugfront auch noch einen zweisträngigen Zug nach hinten ermöglichen. In diesen Fällen ist die maschinelle Zugeinrichtung um 180° gedreht im Fahrzeug eingebaut, so dass der Seilablauf der Winde zum Fahrzeugheck gerichtet ist. Am Fahrzeugheck ist die lose Rolle in einer Kassette gelagert. Das Windenseil wird permanent durch die Rolle geführt, so dass das Seilende an der Fahrzeugfront herausgeführt wird.

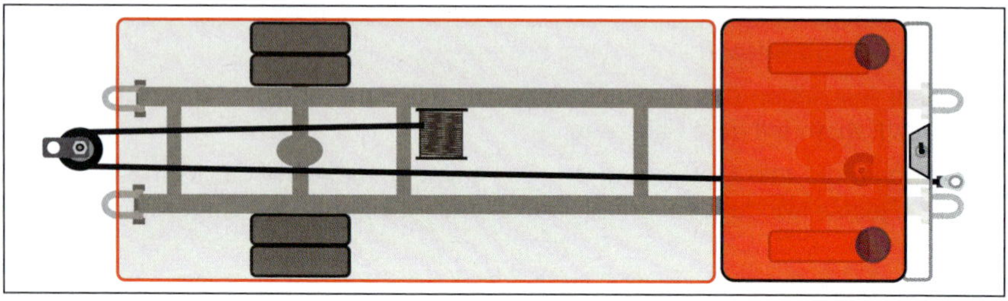

Abbildung 26: Prinzip vom zweisträngigen Heckzug (Quelle: Siekaup)

Durch diese Konstruktion kann neben dem gewohnten einsträngigen Zug nach vorne auch direkt ein zweisträngiger Zug nach hinten ermöglicht werden. Bei der Anwendung dieser Option wird das Seilende an der Fahrzeugfront fixiert.

> **Sicherheitshinweis**
> Zu beachten ist, dass der zulässige Schrägzugwinkel beim zweisträngigen Zug nach hinten und nach vorne bei ca. 10° liegt. Die genauen Bedingungen dazu sind der Bedienungsanleitung des Herstellers zu entnehmen.

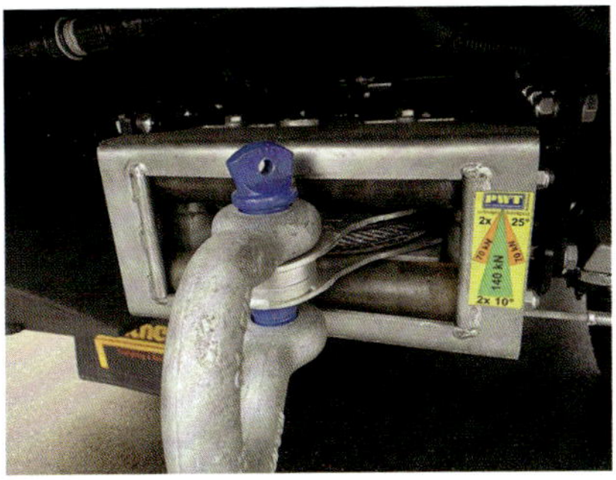

Abbildung 27:
Schnellangriff 2-strängiger Heckzug (Quelle: Pomp)

4.6 Zubehör

Nach folgenden Normen ist diverses Zubehör für die maschinellen Zugeinrichtungen bei den Feuerwehren vorgesehen:

- DIN 14584 Feuerwehrfahrzeuge – Zugeinrichtungen mit maschinellem Antrieb,
- DIN 14555-3:2016-12 Rüstwagen,
- DIN 14800-18 Beiblatt 9, Zusatzbeladungssätze für Löschfahrzeuge, maschinelle Zugeinrichtung.

4.6.1 Umlenkrolle

Mit einer Umlenkrolle kann der Seilwindeneinsatz situationsbedingt optimiert werden. Im Zubehör befindliche Rollen können als Umlenkrolle oder auch als lose Rolle (zur Erhöhung der Zugkraft) eingesetzt werden.

Nach DIN 14555 und DIN 14800-18 ist eine einrollige Umlenkrolle vorgesehen. Die technischen Daten müssen gemäß DGUV-Vorschrift 54 auf die Leistungsdaten der maschinellen Zugeinrichtung abgestimmt sein. Die zulässige Belastung muss bei einer möglichen Nennzugkraft von 50 kN mindestens für 100 kN Zugkraft ausgelegt sein.

Abbildung 28:
Umlenkrolle der Firma Rotzler, 2-strängiger Zug möglich (Quelle: Siekaup)

In der Regel wird die Rolle vom Seilwindenhersteller in der notwendigen Größe zur Verfügung gestellt. Es sind aber auch weitere Modelle verfügbar. Einige Umlenkrollen bieten auch die Möglichkeit für einen 3-strängigen Zug.

Abbildung 29:
Umlenkrolle der Firma Pomp, 3-strängiger Zug möglich (Quelle: Siekaup)

Hinweis: Es wird empfohlen, mindestens zwei Umlenkrollen je Seilwinde vorzuhalten.

4.6.2 Zugösen

Mit einer Zugöse kann eine Anhängezugvorichtung von LKWs zu einem regelgerechten Anschlagpunkt hergerichtet werden. Neben einer Umlenkrolle kann auch ein Schäkel angeschlagen werden.

Abbildung 30:
Zugöse Firma Rotzler
(Quelle: Siekaup)

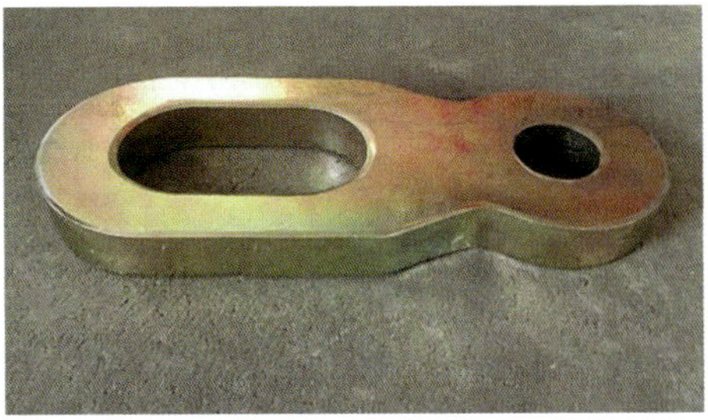

Abbildung 31:
Zugöse der Firma Krause
(Quelle: Siekaup)

Sicherheitshinweis
Zu beachten ist dabei, dass die Anhängezugvorrichtung am Fahrzeug die zu erwartenden Zugkräfte auch sicher aufnehmen kann.

4.6.3 Unterlegkeile

Gemäß DIN 14584 (maschinelle Zugeinrichtung) sind Unterlegkeile paarweise vorzuhalten. Die Größe der Unterlegkeile richtet sich nach der wirksamen Zugkraft auf das Fahrgestell. Es werden zwei Größen unterschieden.

Genauer gesagt handelt es sich hier um einen Auffahrkeil, da man mit dem Rad auf den Keil fahren muss. Die verlängerte Zunge sorgt dafür, dass das Rad fest auf dem Keil stehen bleibt.

Die Bedienungsanleitungen der Seilwindenhersteller sowie die FwDV 1 geben immer den Hinweis, dass das Seilwindenfahrzeug mit Unterlegkeilen zu sichern ist. Der Einsatz der Unterlegkeile ist auf harten Untergründen (z.B. Asphalt) nicht zu empfehlen, da die mögliche Haltekraft des Seilwindenfahrzeugs reduziert wird.

Hinweis: Verschiedene Zugversuche haben ergeben, dass durch die Verwendung von Unterlegkeilen auf Asphalt, Beton o.ä. die Haltekraft des Seilwindenfahrzeugs bis zu 20 kN reduziert werden kann.

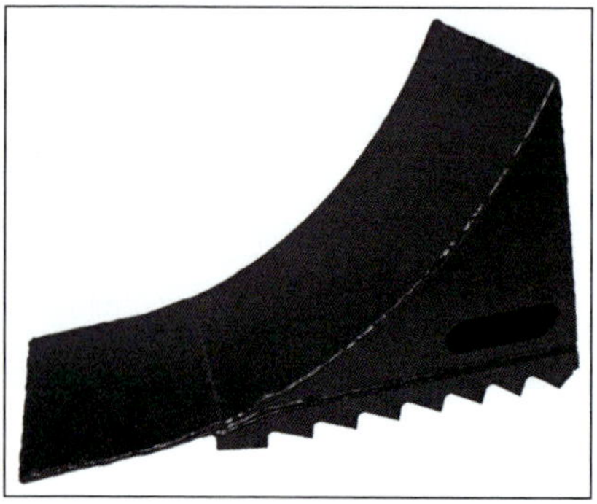

Abbildung 32:
gezahnter Unterlegkeil für Seilwindenfahrzeug (Quelle: gfd® GmbH)

Bei der Verwendung von Unterlegkeilen auf zu weichen Untergründen, kann es vorkommen, dass die Keile sich in das Erdreich hineinziehen und dieses aufschaufeln, anstatt das Seilwindenfahrzeug sicher zu halten.

Ein sinnvoller Einsatz der Unterlegkeile kann bei eis- und schneebedeckter Fahrbahn möglich werden.

4.6.4 Kantenreiter

Mit Hilfe eines Kantenreiters wird die Möglichkeit geschaffen, das Windenseil über eine scharfe Kante zu führen.

Bei der Umlenkung eines Drahtseils um eine Kante gilt, je größer der Umlenkradius des Zugseils, desto geringer der Verschleiß des Zugseils.

Abbildung 33:
Dreirolliger Kantenreiter
(Quelle: Siekaup)

Sicherheitshinweise

- Vielseits bekannt ist der Kantenreiter aus dem Zubehör vom Mehrzweckzug. Dieser ist nicht für die kombinierte Anwendung mit einem Zugseil der maschinellen Zugeinrichtung vorgesehen, da hier der Umlenkwinkel über nur eine Rolle erfolgt.
- Beim horizontalen Einsatz des Kantenreiters ist darauf zu achten, dass das Seil über den gesamten Zugvorgang waagerecht verläuft (meistens nicht möglich). Ansonsten besteht die Gefahr, dass das Zugseil vom Kantenreiter rutscht.

4.6.5 Seilwarntafel

Insbesondere bei Dunkelheit oder schlechten Witterungsbedingungen sind gespannte Drahtseile schwer zu erkennen. Durch die Anwendung einer Seilwarntafel kann die Aufmerksamkeit und somit die Sichtbarkeit auf ein gespanntes Drahtseil erhöht werden.

Durch eingearbeitete Magnete oder Gewichte in den Ecken der Seilwarntafel hängt diese vollflächig stabil und sicher senkrecht, sodass die Warnwirkung jederzeit optimal gegeben ist.

Abbildung 31:
Gut sichtbare Seilwarntafel
(Quelle: Siekaup)

4.7 Selbstkontrolle und Testfragen

(Lösungen siehe Seite **116**)

1. Welche Aufgabe hat der Sensor „Seilschlaufe“ bei der Rotzler Treibmatic?

a) Er überwacht den Seilbereich von der Seilwinde bis zum Seilende.
b) Er überwacht die korrekte Einführung des Zugseils in den Seilspeicher.
c) Er signalisiert ein Problem, wenn die Richtung „Seil ein“ nicht möglich ist.

2. Auf welcher Seillage hat die HPC Trommelwinde die größte Zugkraft?

a) Auf der obersten (4. Lage) ist die Zugkraft am größten.
b) Auf der untersten (1. Lage) ist die Zugkraft am größten.
c) Die Zugkraft ist auf allen Lagen gleich.

3. Welche Bedeutung hat die Rotfärbung des Zugseils, wenn diese beim Ausfahren der Seilwinde sichtbar wird?

a) Das Seilende ist fast erreicht, Seil ausfahren sollte beendet werden.
b) Es sind noch mindestens 10 m Restseil nutzbar ab Beginn der Markierung.
c) Die rote Markierung hat keine Bedeutung für den Bediener.

4. Wie hoch ist der maximal zulässige Schrägzugwinkel im 2-strängigen Zug (Einsatz der losen Rolle)?

a) Es ist mindestens ein 2-strängiger Schrägzug von 25° möglich.
b) Es ist mindestens ein 2-strängiger Schrägzug von 10° möglich.
c) Der mögliche 2-strängige Schrägzug ist fahrzeugspezifisch und muss aus den Herstellerangaben entnommen werden.

5 Anschlagen von Lasten

Um mit einer maschinellen Zugeinrichtung eine Last regelgerecht bewegen zu können, sind Anschlagmittel notwendig. Denn nur so kann die Last mit dem Zugseil der Seilwinde sicher verbunden werden.

Bevor eine Last an der maschinellen Zugeinrichtung angeschlagen wird, müssen folgende Faktoren bekannt sein:

- Wie schwer ist die Last?
- Wo liegt der Schwerpunkt?
- Wie hoch sind die zu erwartenden Zugkräfte?
- Welches Anschlagmittel ist das geeignetste?
- Welche Tragfähigkeit muss das Anschlagmittel haben?

In diesem Kapitel werden die zum Ziehen von Lasten relevanten Anschlagmittel mit Anwendungshinweisen für die Feuerwehr vorgestellt.

In der DGUV-Regel 109-017 „Betreiben von Lastaufnahmemitteln und Anschlagmitteln im Hebezeugbetrieb“ werden allgemein geltende Regeln zur Anwendung von Anschlagmitteln erläutert. Mit Beachtung der aufgeführten Regeln ist eine sichere Verwendung der Anschlagmittel gewährleistet.

5.1 Anschlagmittel

Im Einsatzbereich der Feuerwehren haben Rundschlingen den höchsten Stellenwert erhalten. Zuvor waren Anschlagseile (Drahtseile) etabliert. Anschlagketten hingegen findet man derzeitig noch eher selten auf Feuerwehrfahrzeugen, in denen eine maschinelle Zugeinrichtung vorhanden ist. Die Nenntragfähigkeit der Anschlagmittel muss für den Anwender jederzeit erkennbar sein. In der Regel findet man den Wert in „t“ (Tonnen) hinter der Abkürzung „WLL“. Diese steht für „Work Load Limit“ und entspricht der Nenntragfähigkeit des Anschlagmittels. Die Auswahl des geeigneten Anschlagmittels sollte durch einen qualifizierten Anschläger erfolgen. Dieser muss den sicheren Zustand des Anschlagmittels beurteilen können.

Tabelle 7: Anwendungsgebiete für Anschlagmittel (Quelle: Siekaup)

Anschlagmittel	Anwendung
Drahtseile	Für Lasten mit glatten, öligen und rutschigen Oberflächen.
Anschlagketten	Für heißes Material (GK 8 maximal 400°C/GK 10 maximal 380°C). Für Lasten mit nicht rutschigen Oberflächen. Für scharfkantige Träger oder Profile.
Rundschlingen (Chemiefaserbänder)	Für Lasten mit besonders rutschiger oder empfindlicher Oberfläche.

5.1.1 Anschlagseile (Drahtseile)

Einzelne Stahldrähte werden zu einer Litze verseilt und mehrere Litzen werden zu einem Stahldrahtseil geschlagen. Aus dem fertig geschlagenen Drahtseil kann ein Anschlagseil hergestellt werden. Anschlagseile sind in verschiedenen Stärken und Längen erhältlich. An den Enden können verschiedene Ösen oder Haken angebracht sein.

Abbildung 35:
Seilkausche mit Aluminiumpresshülse
(Quelle: Firma Brugg)

Bei der Feuerwehr werden Anschlagseile, in der Regel mit einem Durchmesser von 16 mm, verwendet. Diese sollten der DIN EN 13414-1 „Anschlagseile für allgemeine Hebezwecke“ entsprechen. Dabei handelt es sich um Litzenseile, an deren Enden jeweils eine Schlaufe gebildet wird, die durch eine Aluminium-Pressklemme tragfähig hergestellt wird. Die Aluminium-Pressklemme überträgt 90 % der Mindestbruchkraft des Seils. Pressklemmen sind nur zur Aufnahme von Zugkräften geeignet. Sie dürfen nicht auf

Biegung beansprucht werden. Drahtseile sind empfindlich gegen Beschädigungen. Das Entstehen von Drahtseilschäden (z.B. Schlingen, Knickstellen oder Drahtbruch) ist durch die richtige Handhabung zu vermeiden. Drahtseile sollen nicht geknickt oder ungeschützt über scharfe Kanten geführt werden. In der feuerwehrtypischen Stärke von 16 mm dürfen die Anschlagseile mit ca. 2.500 kg beansprucht werden. Der Sicherheitsfaktor von Anschlagseilen entspricht dem 5-fachen der Nenntragfähigkeit.

Jedes Anschlagseil ist lesbar und dauerhaft mit folgenden Informationen zu kennzeichnen:

- Herstellerkennzeichen,
- Zahlen und/oder Buchstaben, die Anschlagseil und Prüfbescheinigung zuordnen,
- Tragfähigkeit,
- alle gesetzlichen Kennzeichen (Innerhalb der Europäischen Union ist dies die CE-Kennzeichnung).

Abbildung 36:
Drahtseilkennzeichnung
(Quelle: Siekaup)

Drahtseile unterliegen im Einsatz einem Verschleiß oder können durch äußere Einflüsse beschädigt werden. Sie müssen regelmäßig auf Drahtbrüche und Abnutzung untersucht werden, um noch ausreichende Sicherheitsreserven gewährleisten zu können.

Das Seil muss aus dem Verkehr gezogen werden, sobald Schäden z.B. durch
- Korbbildung,
- Drahtbrüche,
- Knicke,
- Verformungen der Presshülse oder ähnliches

erkennbar sind.

Ein Sachkundiger kann unter Berücksichtigung verschiedener Kriterien über eine weitere Verwendung des Seils entscheiden.

5.1.2 Anschlagketten

Rundstahlketten, die zum Anschlagen von Lasten benutzt werden, müssen geprüfte Ketten sein. Rundstahlketten entstehen in vielen Formen und Qualitäten durch Widerstandsschweißen der vorgebogenen Kettenglieder. Anschließend werden sie wärmebehandelt, gereckt und geprüft. Nach Zerreiß- und Biegeproben werden geprüfte Rundstahlketten meterweise gestempelt. Die Anschlagkette ist das einzige Anschlagmittel, das verkürzt werden kann.

Anschlagketten sind in verschiedenen Ausführungen, ein- oder mehrsträngig sowie in gewünschten Stärken und Längen erhältlich. Ausschlaggebend für die Tragfähigkeit ist neben der Materialstärke auch die Stahlgüte. Je höher die Güteklasse, desto höher ist die Tragfähigkeit bei gleicher Nenndicke. Beim Einsatz der maschinellen Zugeinrichtung sollten einsträngige Anschlagketten im Sinne der DIN EN 818 verwendet werden. Der Sicherheitsfaktor von Anschlagketten entspricht dem 4-fachen der Nenntragfähigkeit.

Eine vollwertige Anschlagkette im Sinne der DIN EN 818-4, besteht immer aus den in Abbildung 37 aufgeführten Einzelkomponenten.

Die detaillierte Ausführung der Einzelkomponenten kann variieren. Die Nennlänge bezieht sich immer auf die Punkte vom inneren Durchmesser des Aufhängerings bis zum Hakengrund.

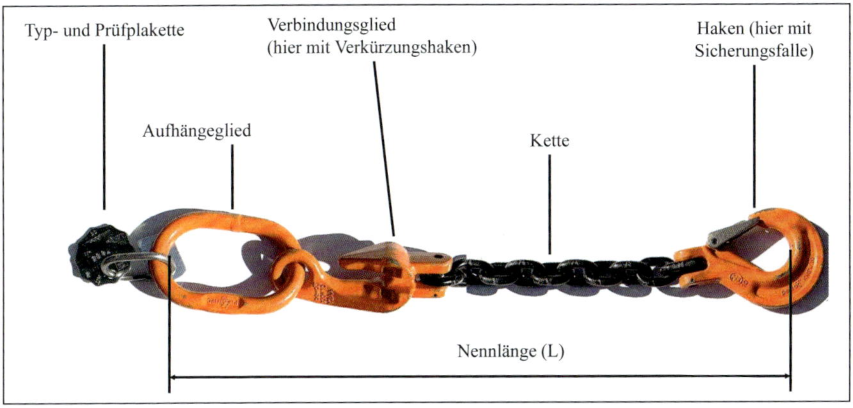

Abbildung 37: Bestandteile einer Anschlagkette gemäß DIN EN 818-4 (Quelle: Siekaup)

■ Kettenteilung

Als „Teilung“ wird die innere Länge eines Kettenglieds bezeichnet. Nur Ketten mit einer Teilung, die nicht größer ist als das Dreifache (T = 3 x D) des Kettenglied-Durchmessers, dürfen als Anschlagketten verwendet werden.

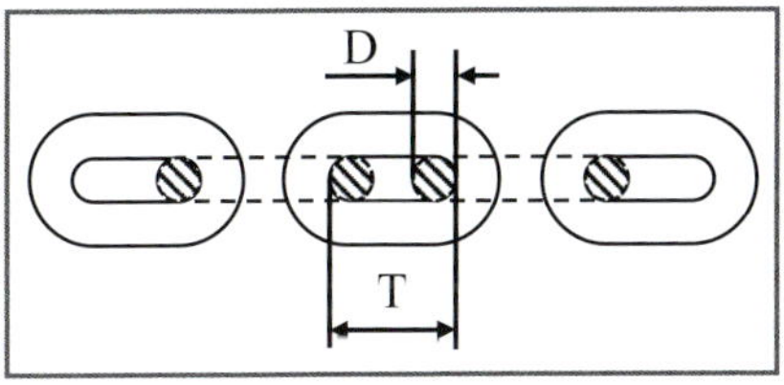

Abbildung 38:
Kettenteilung (Quelle: Siekaup)

■ Kurzgliedrige Kette

Die kurzgliedrige Kette liegt in der Regel sauber an der Last an. Daher wird beim Umlaufen von Kanten eine Biegebeanspruchung im Gegensatz zur langgliedrigen Kette nahezu häufig vermieden, weil sich die benachbarten Kettenglieder an der Fläche der Last abstützen.

Gemäß DGUV-Regel 109-017 ist die Tragfähigkeit bei der Verwendung einer Anschlagkette an einer scharfen Kante auf 80 % zu reduzieren.

Abbildung 39:
Unterschied kurz- und langgliedrige Kette an der Kante (Quelle: Siekaup)

■ Langgliedrige Kette

Die langgliedrige Kette darf in keinem Fall als Anschlagkette zum Bewegen von Lasten verwendet werden. Die Kettenglieder können sich verbiegen und brechen.

■ Güteklassen

Durch unterschiedliche Stahlfestigkeiten ergeben sich starke Unterschiede hinsichtlich der Tragfähigkeit und der Einsatzmöglichkeit. Abhängig vom verwendeten Werkstoff werden Rundstahlketten in Güteklassen eingeteilt. Erhältlich sind Anschlagketten in den Güteklassen: 2, 4, 8, 10 und 12.

Hinweis: Bei der Feuerwehr ist es sinnvoll, Ketten in der Güteklasse 10 vorzuhalten. In dieser Güte sind vielfältige Konfigurationsmöglichkeiten erhältlich. Zudem sind die gängigen Größen in der Einsatzpraxis einfach, gut und sicher zu händeln.

■ Kennzeichnung

Anschlagketten für Hebezwecke müssen mit einer Kennzeichnung versehen sein. Dadurch kann der Anwender erkennen, welche Güteklasse und Tragfähigkeit die Kette besitzt. Die Kennzeichnung erfolgt auf stabilen Metallanhängern. Die Form des Metallanhängers (Anzahl der Ecken) ist ein Zeichen für die Güteklasse der Kette, z.B. bei einem Anhänger mit 10 Ecken handelt es sich um eine Anschlagkette der Güteklasse 10.

Auf der Vorderseite der Plakette sind Hersteller, Kennzeichnungsnummer und die Kettenlänge angegeben.

Auf der Rückseite ist die Kettenkonfiguration, Stärke und die Nenntragfähigkeit zu entnehmen. Die 1 steht für eine einsträngige Kette, die 10 signalisiert die Materialstärke (10 mm) der Kettenglieder. Die Tragfähigkeitsangabe 4,0 t trifft bei der Verwendung unter 90° (lotrecht) zu.

Bei mehrsträngigen Kettengehängen werden die Tragfähigkeitsangaben unter Berücksichtigung der Neigungswinkel angegeben.

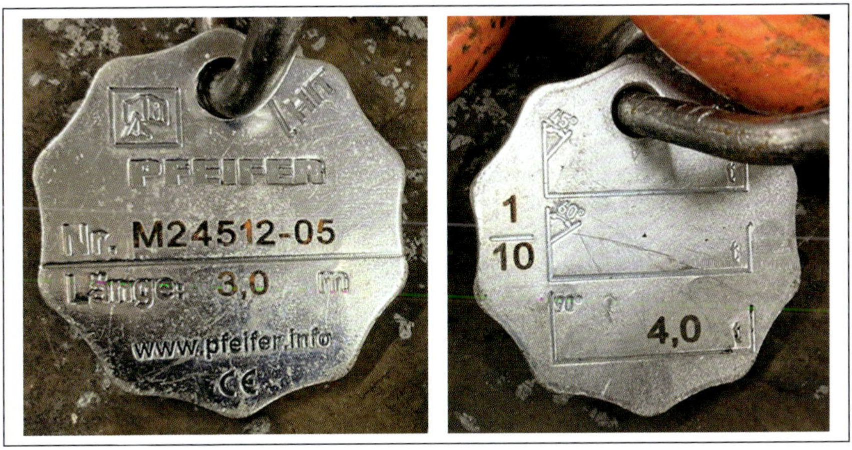

Abbildung 40: Vorder- und Rückseite einer Kennzeichnungsplakette einer Anschlagkette (Quelle: Siekaup)

Aus der folgenden Tabelle können technische Daten der gängigsten Güteklassen entnommen werden.

Tabelle 8: Technische Daten der Güteklassen (Quelle: Siekaup)

Güteklasse	**8**	**10**	**12**
Norm	EN 818 Teil 2/4/6	EN 818 PAS 1061	EN 818 PAS 1061
Bruchspannung N/mm^2	800	1.000	1.200
Werkstoff	Edelstahl (Vergütungsstahl)		Patentierter Sonderstahl
Prüfkraft Bruchkraft	Nenntragfähigkeit x 2,5 Nenntragfähigkeit x 4		
Kennzeichnung für Anschlagketten (Anhängerform)	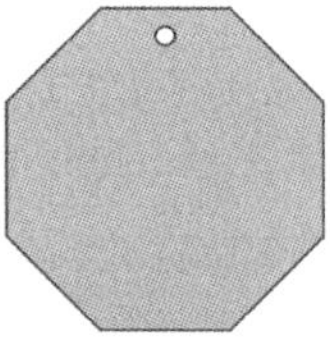	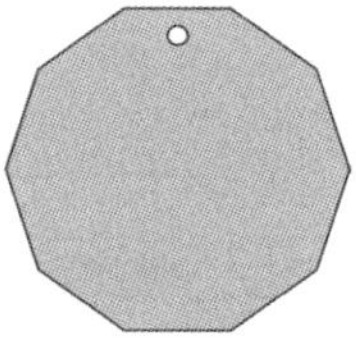	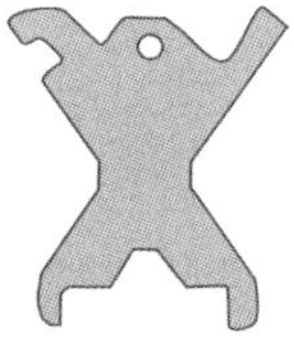

■ Anwendungshinweise

- Vor und nach der Verwendung eine Sichtprüfung durchführen.
- Haken dürfen nicht mit ihrer Spitze belastet werden, sondern nur im Hakengrund.
- Liegende Ketten dürfen nicht mit Lasten überrollt werden.
- Gedehnte (überlastete) Ketten dürfen nicht weiterverwendet werden.
- Tragfähigkeit beachten.
- Ketten sind vor dem Anhängen auszudrehen.
- Fehlt an einer Anschlagkette der Kettenanhänger, dann darf die Kette nur noch wie eine Kette der Güteklasse 2 belastet werden.
- Anschlagketten dürfen bei der Anwendung an einer scharfen Kante mit 80 % der Nenntragkraft belastet werden.

■ Kettenprüfungen

Neben der jährlichen Sichtprüfung durch einen Sachkundigen hat der Unternehmer dafür zu sorgen, dass Rundstahlketten, die als Anschlagmittel verwendet werden, in Abständen von längstens drei Jahren einer besonderen Prüfung auf Rissfreiheit unterzogen werden, beispielsweise der elektromagnetischen Rissprüfung. Die Prüfungsergebnisse sind zu dokumentieren.

Bei folgenden Schäden sind Ketten der Benutzung zu entziehen:
- Längung um mehr als 5 % bei Kette oder beim Einzelglied
- Abnahme der Glieddicke an irgendeiner Stelle um mehr als 10 %
- Bruch eines Kettenglieds
- Anrisse in einem Kettenglied
- Verformung eines Kettenbauteils
- Aufweitung des Hakens um mehr als 10 %
- Abnutzung am Hakenmaul um mehr als 5 %

5.1.3 Offene Kranzkette

Die „offene Kranzkette“ bietet für die klassischen Feuerwehranwendungen die Möglichkeit, Lasten anzuschlagen, bei denen die anderen Anschlagmittel meistens ungeeignet sind. Diese Form der „offenen Kranzkette“ kann aufgrund ihrer Konfiguration nicht genormt werden. Wenn sie aber aus den Komponenten einer Anschlagkette im Sinne der DIN EN 818 hergestellt wird, kann diese in Verbindung mit der ohnehin notwendigen Gefährdungsbeurteilung sicher und effektiv verwendet werden.

Die offene Kranzkette besteht aus einem Stück Kette mit einem Verkürzungshaken an einem Ende. Die Kette auf dem folgenden Bild besteht z.B. aus einer Kette in der Länge von 1,5 m in Güteklasse 10 und einer Kettenstärke von 8 mm. Im direkten Zug hat diese Kette gemäß PAS 1061 (DIN 818) eine Nenntragfähigkeit von 2.500 kg. Da diese Kette nun aber nur durch die Anschlagart „umgelegt“ angeschlagen werden kann, wird die Tragfähigkeit verdoppelt, was in diesem Beispiel bedeutet, dass die Kette eine theoretische Tragfähigkeit von 5.000 kg ermöglichen kann.

Abbildung 41:
Offene Kranzkette (Quelle: Heavy Rescue Germany)

Das freie Kettenende kann durch kleine Öffnungen geführt werden, durch die man andere Anschlagmittel nicht hindurchbekommen würde. Nach dem Umlegen kann das Kettenende in den Verkürzungshaken (mit Sicherungsstift) eingelegt werden. Mit einem Schäkel kann dann der Übergang auf das Zugseil oder andere Anschlagmittel erfolgen.

Abbildung 42:
Kranzkette an einer Stahlfelge angeschlagen (Quelle: Siekaup)

5.1.4 Sonstige Ketten

Im Feuerwehr-Fachhandel sind auch Kettenkonfigurationen erhältlich, welche auf Grundlage der EN 12195 „Ladungssicherungseinrichtungen auf Straßenfahrzeugen Teil 3: Zurrketten“ basieren. Diese Ketten sind in der

Regel mit Zurrkraftangaben (LC) in der Einheit „kN“ versehen. Die bestimmungsgemäße Verwendung dieser Kette findet sich in der Ladungssicherung auf Straßenfahrzeugen. Die Nennbelastungsangaben basieren auf der EN 12915-3, demnach beträgt der Sicherheitsfaktor nur 2-fach. Eine allgemeine Verwendung dieser Ketten mit der maschinellen Zugeinrichtung kann regelgerecht nicht erfolgen.

Häufig sind auf den Kennzeichnungsplaketten neben den Belastungsangaben auch noch zusätzliche Hinweise zu finden wie z.B.:

- „Only lashing“ (nur verzurren)
- „Nicht zum Heben verwenden“

Hinweis: Die Verwendung dieser Ketten sollte explizit unter Beachtung der Herstellerangaben geschult werden.

Abbildung 43:
Kennzeichnungsplakette einer Zurrkette GK12, 8 mm, WLL eigentlich 3 t
(Quelle: Siekaup)

Tabelle 9: Darstellung vom Unterschied zur Nennlast zwischen Anschlagkette und Zurrkette (Quelle: Siekaup)

	Anschlagkette DIN 818	Zurrkette EN 12195-3
Güteklasse	12	12
Kettendicke	8 mm	8 mm
Bruchkraft	12 t	12 t
Sicherheitsfaktor	**4-fach**	**2-fach**
Nennbelastung	**WLL 3 t**	**LC 60 kN**

5.1.5 Rundschlingen

Bei Rundschlingen handelt es sich um textile Anschlagmittel mit einem tragenden Kern aus Chemiefasern. Es sollten nur Rundschlingen zum Einsatz kommen, welche nach DIN EN 1492-2 „Rundschlingen aus Chemiefasern für allgemeine Verwendungszwecke“ hergestellt sind.

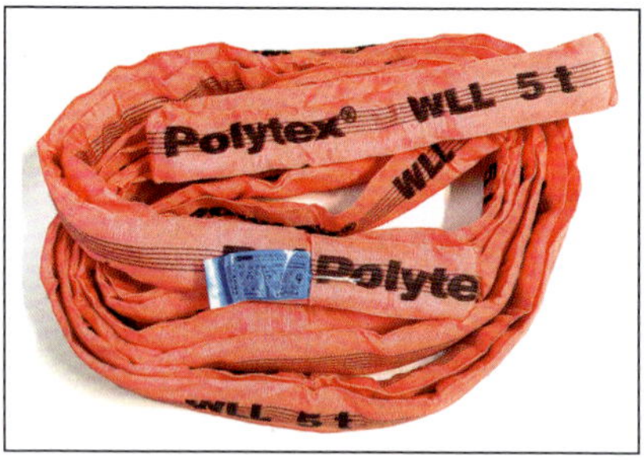

Abbildung 44:
Rundschlinge WLL 5 t (Quelle: Siekaup)

Je nach Anwendungsgebiet werden Rundschlingen aus unterschiedlichen Werkstoffen, z.B. Polyester (blaues Etikett), Polyamid (grünes Etikett), Polypropylen (braunes Etikett) hergestellt.

Hinweis: Bei der Feuerwehr ist die Verwendung von Rundschlingen aus Polyester am sinnvollsten, da diese gegen die meisten chemischen Stoffe resistent sind.

Rundschlingen lassen sich leicht transportieren, sind anschmiegsam und oft lastschonend. Sie sind aber auch empfindlich auf mechanische Beanspruchungen wie Reibung oder Einschnitte durch eine scharfe Kante.

Der Sicherheitsfaktor einer Rundschlinge beträgt das 7-fache der Nenntragfähigkeit.

■ Aufbau und Funktion

Rundschlingen bestehen im Inneren aus einem tragenden Kern aus hochfestem Multifilamentgarn. Dabei handelt es sich um ein dünnes Garn, welches zu einer Litze gefertigt ist. In Abhängigkeit zur Tragfähigkeit wird die Anzahl der Litzenwindungen festgelegt. Je höher die Tragfähigkeit, desto mehr Litzenwindungen hat die Rundschlinge im Gewebemantel.

An der Stelle, wo sich die beiden Litzenenden an dem fertig gewickelten Multifilament überschneiden, wird das gesamte Bündel mit einem umlaufenden Klebeband fixiert. Der äußere Mantel schützt die Fasern im Inneren und bildet zudem einen Indikator für etwaige Beschädigungen.

Abbildung 45:
Aufbau Rundschlinge, aufgeschnitten (Quelle: Siekaup)

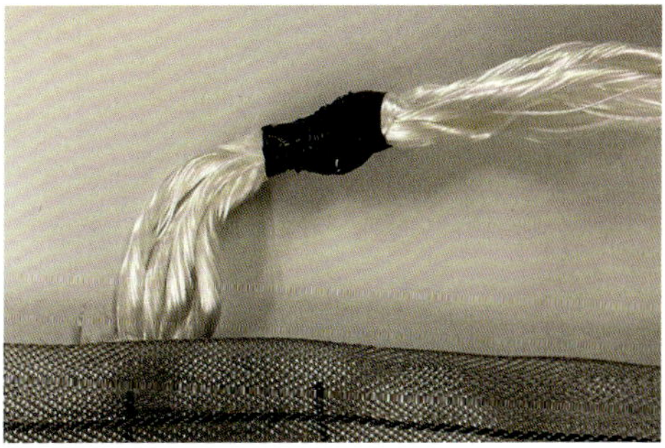

Abbildung 46:
Klebefixierung der Fasereinlage einer Rundschlinge (Quelle: Siekaup)

Wird die Rundschlinge nun belastet, dann zieht sich das Multifilament in der Schlinge eng zusammen. Dadurch entstehen Reibungskräfte zwischen den

Fasern, wodurch die Kraftübertragung gewährleistet wird. Der äußere Mantel wird dabei nicht belastet.

■ Kennzeichnung

Jede Rundschlinge muss mit einem Etikett versehen sein, dem dauerhaft und gut lesbar folgende Daten entnommen werden können:

- Nenntragfähigkeit (Anschlagart direkt)
- Werkstoff der Rundschlinge
- Nennlänge in Meter (m)
- Name und Anschrift des Herstellers
- Rückverfolgbarkeitscode
- Norm

Abbildung 47: Kennzeichnungsetikett einer Rundschlinge (Quelle: Siekaup)

■ Tragfähigkeit und Farbcode

Die Tragfähigkeit einer Rundschlinge ist abhängig von der Anschlagart. Neben den Tragfähigkeitsangaben auf dem Etikett wird die Nenntragfähigkeit gemäß DIN EN 1492-2 auch durch die Farbe definiert.

Abbildung 48:
Farbcodierung von Rundschlingen
(Quelle: Siekaup)

Tabelle 10: Tragfähigkeiten von Rundschlingen (Quelle: Siekaup)

Nenngröße WLL	Nenngröße WLL
1.000 kg	5.000 kg
2.000 kg	6.000 kg
3.000 kg	8.000 kg
4.000 kg	10.000 kg und größer

■ Anwendungshinweise

- Vor und nach jedem Gebrauch ist eine Sichtprüfung auf Beschädigung durchzuführen.
- Rundschlingen dürfen nicht verknotet werden.
- Das Etikett muss jederzeit gut lesbar sein.
- Nicht über die angegebene Tragkraft hinaus belasten.
- Nie unter – 40° C und über einer Temperatur von + 100° C einsetzen.
- Bei schafkantigen Lasten ist ein geeigneter Kantenschutz zu verwenden.
- Nur mit geschweiften Schäkeln verwenden,
  Schäkelgröße = WLL Rundschlinge x 2
- Die Lagerung erfolgt in trockenen und luftigen Räumen.

■ Prüfung von Rundschlingen

Alle 12 Monate sind Rundschlingen dokumentationspflichtig durch einen Sachkundigen zu prüfen. Rundschlingen sind bei folgenden Mängeln ablegereif:

- Beschädigung der Webkante bzw. Garnbrüche.
- Beschädigung der tragenden Nähte.
- Verformung durch Wärme.
- Beschädigung der Ummantelung, bei der das Gelege sichtbar wird.
- Fehlendes Etikett.

5.1.6 Schäkel

Ein Schäkel ist ein U-förmiger, mit einem Schraub- oder Steckbolzen verschließbarer Bügel. Beim Anschlagen von Lasten dienen Schäkel dazu, die Anschlagmittel/-punkte (Drahtseile, Rundschlingen, Anschlagketten, feste Bauteile usw.) untereinander und mit dem Zugseil der Seilwinde zu verbinden.

Zwei Arten von Schäkeln kommen bei der Feuerwehr zur Anwendung. Diese sollten der DIN EN 13889 „Geschmiedete Schäkel für allgemeine Hebezwecke" entsprechen.

■ Gerade Schäkel

Gerade Schäkel werden zumeist in Systemen mit Einfachbelegung eingesetzt. Diese Form findet man in der Beladung sowie am Fahrgestell von Feuerwehrfahrzeugen.

Abbildung 49:
Gerader Schäkel am Fahrgestell eines Feuerwehrfahrzeugs (Quelle: Siekaup)

■ Geschweifte Schäkel

Geschweifte Schäkel (Omega-Schäkel) werden in Systemen mit Mehrfachbelegung eingesetzt. Bei der Kombination mit Rundschlingen müssen geschweifte Schäkel verwendet werden. Die Größe des Schäkels ist abhängig von der zu verwendenden Rundschlinge. Durch die große Bügelform wird gewährleistet, dass sich die Rundschlingen ausreichend entfalten können.

Abbildung 50:
Geschweifter Schäkel (Quelle: Siekaup)

■ Kennzeichnung

Jeder Schäkel ist mit dem Herstellkennzeichen, mit der Traglast im axialen Zug (WLL) sowie einer Chargennummer gekennzeichnet. Auch das CE-Zeichen ist aufgestempelt.

■ Anwendungshinweise

- Vor und nach jedem Gebrauch ist eine Sichtprüfung auf Beschädigung durchzuführen.
- Bügel und Bolzen müssen zusammengehören und von gleichem Typ und Qualitätsgrad sein.

- Die Gewinde von Bolzen und Bügel müssen leichtgängig sein.
- Schäkel mit Mutter und Splintsicherung niemals ohne Splint benutzten.
- Bolzen vollständig einschrauben.
- Es ist darauf zu achten, dass der Schäkel in einer Flucht zur Mittelachse trägt. Der Schäkel benötigt dazu ausreichend Freiraum, um sich bei Zugbelastung in diese Position bewegen zu können.
- Seitliche Belastungen sollten vermieden werden, da das Produkt nicht für diese Zwecke entworfen wurde. Können seitliche Belastungen nicht vermieden werden, so müssen die folgenden Reduzierungen der Arbeitsbelastungsgrenze (WLL) berücksichtigt werden:

Tabelle 11: Technische Daten der gängigsten Schäkel (Quelle: Siekaup)

Geschweifte Schäkel			**Tragfähigkeit in t**
 Ø Bolzen in mm	Winkelbereiche		
	 **100 %**	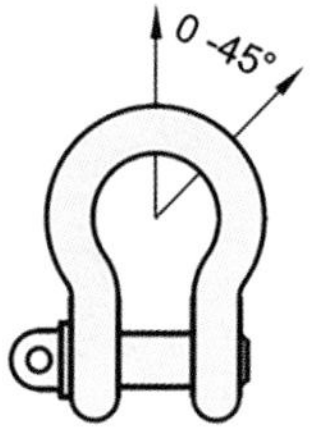 **70 %**	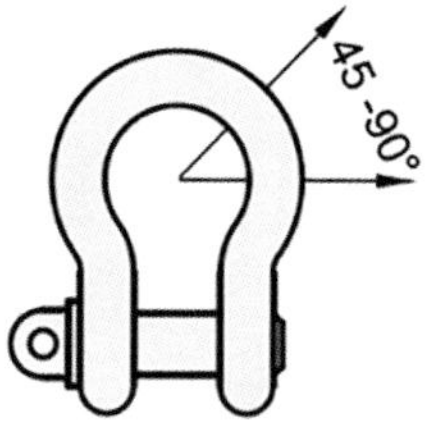 **50 %**
25	6,50 t	4,55 t	3,25 t
28	8,50 t	5,95 t	4,25 t
35	12,00 t	8,40 t	6,00 t
42	17,00 t	11,90 t	8,50 t

In der Tabelle sind die gängigsten Schäkelgrößen für die Anwendung mit der maschinellen Zugeinrichtung aufgeführt.

5.2 Traglastbeeinflussende Faktoren

Bei der Anwendung der Anschlagmittel gibt es einige Faktoren zu berücksichtigen, welche die Tragfähigkeit der Anschlagmittel beeinflussen können. Es gibt Faktoren, die anschlagmittelabhängig beachtet werden müssen und Faktoren, die allgemein gültig sind. Durch die Beachtung der Faktoren können Schäden an den Anschlagmitteln vermieden und zugleich kann die Sicherheit erhöht werden.

Die DGUV-Regel 109-017 „Betreiben von Lastaufnahmemitteln und Anschlagmitteln im Hebezeugbetrieb" definiert die zu beachtenden Regeln.

5.2.1 Scharfe Kante

Eine scharfe Kante liegt immer dann vor, wenn der Kantenradius (r) kleiner ist als der Durchmesser bzw. die Dicke des Anschlagmittels.

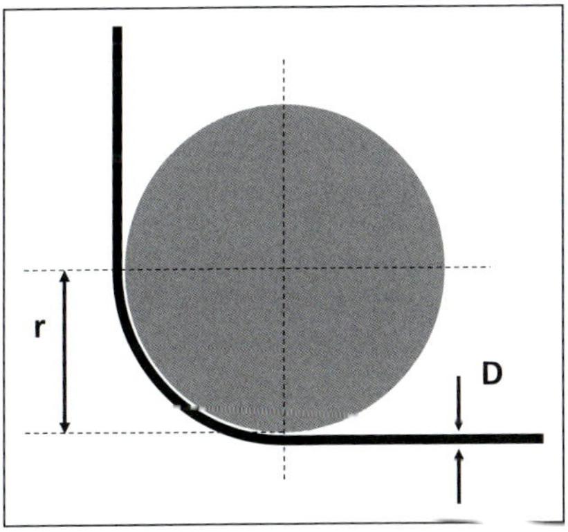

Abbildung 51:
Definition der scharfen Kante
(Quelle: Siekaup)

> Seile und Rundschlingen dürfen nicht über scharfe Kanten geführt werden. Werden Anschlagketten an einer scharfen Kante verwendet, dann darf diese nur noch mit 80 % der Nenntragfähigkeit belastet werden.

5.2.2 Traglastreduzierung durch zu geringen Tragarm

Wird eine Anschlagkette durch Umlegen (Hängegang) mit einem Umlenkwinkel von etwa 180° angeschlagen, dann soll der Tragarm mindestens dem 3-fachen der Kettengliedlänge entsprechen. Nur dadurch kann sicher gewährleistet werden, dass die Kettenglieder nicht auf Knick belastet werden. Ist der Tragarm schmaler als die 3-fache Kettengliedlänge, dann darf die Kette nur mit 50 % der Nennbelastung beansprucht werden.

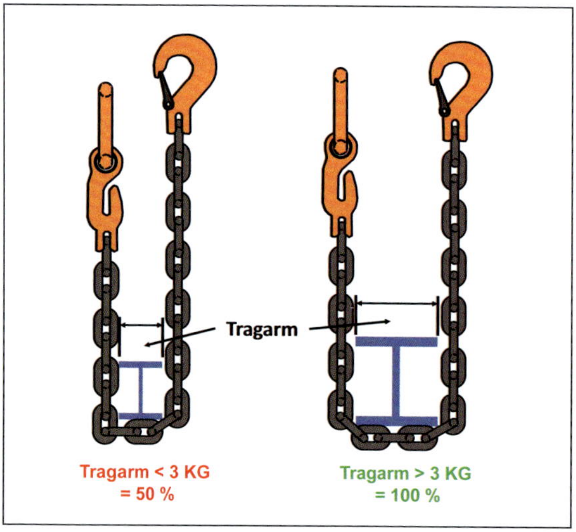

Abbildung 52:
Definition Tragarm
(Quelle: Siekaup)

5.2.3 Traglastreduzierung bei 180° Umlenkung von Drahtseilen

Die Seiltragfähigkeit reduziert sich bei nachstehenden Kantenradien (Verhältnis zwischen Seildicke und Umlenkradius) wie folgt:

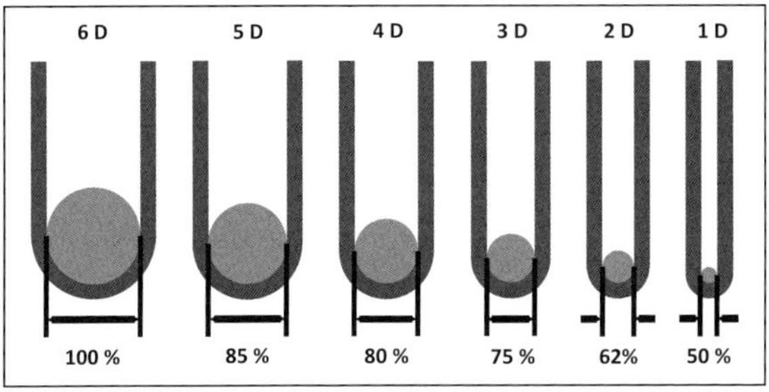

Abbildung 53: Traglastreduzierung bei Drahtseilen durch Umlenkung (Quelle: Siekaup)

5.2.4 Allgemeingültige traglastbeeinflussende Faktoren

Die allgemein geltenden Tragfähigkeiten der Anschlagmittel werden von

- der Anschlagart,
- dem Neigungswinkel und
- der Anzahl der tragenden Stränge

beeinflusst. Diese gelten für alle Anschlagmittel gleichermaßen. In der DGUV-Regel 109-017 sind praxistaugliche Berechnungsfaktoren definiert. Sofern der Anschläger die im Folgenden aufgeführten Berechnungsfaktoren bei seiner Anwendung berücksichtigt, wird ein sicherer Zugvorgang gewährleistet.

■ Anschlagart „direkt“

Bei dieser Anschlagart wird z.B. der Sicherheitshaken oder Schäkel direkt an einem Anschlagpunkt der Last befestigt. Bei dieser Anwendung darf das Anschlagmittel bis zu 100 % (Nennlast) belastet werden.

■ Anschlagart „geschnürt“ (Schnürgang)

Bei der Verwendung von Anschlagmitteln im Schnürgang dürfen diese nur noch mit 80 % der Nennlast belastet werden.

■ Anschlagart „umgelegt“ (Hängegang)

Bei der umgelegten Anschlagart wird die Tragfähigkeit bis auf 200 % erhöht, da die Last auf zwei tragende Stränge verteilt wird.

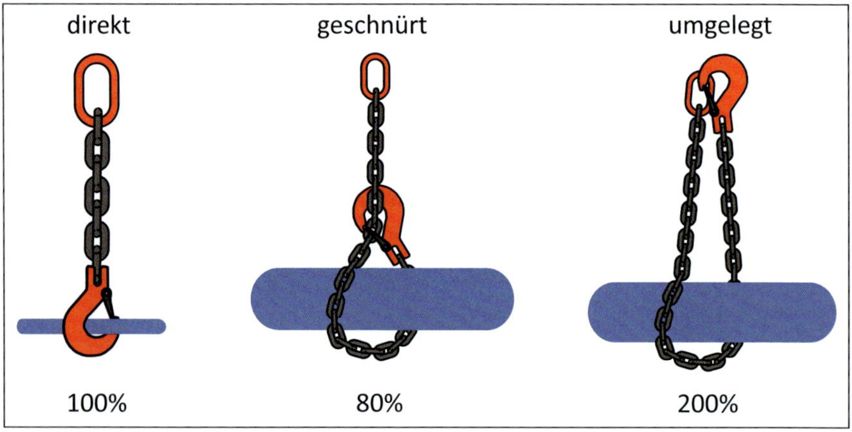

Abbildung 54: Traglastreduzierung durch Anschlagart (Quelle: Siekaup)

■ Neigungswinkel

In manchen Situationen kann es sinnvoll sein, eine Last mit zwei Strängen anzuschlagen. Das ist im Regelfall immer dann erforderlich, wenn sich die Last nicht verdrehen darf oder aber sicher geführt werden muss. Umso größer der Neigungswinkel, desto stärker wird das Anschlagmittel belastet, da vektorisierende Kräfte in den Anschlagmitteln wirken. Um in der Einsatzpraxis einfacher agieren zu können, wurden in der DGUV-Regel 109-017 Faustwerte etabliert, die ein sicheres Berechnen der Anschlagmittelbelastung ermöglichen. In der Praxis werden Neigungswinkelbereiche von 7° bis 45° und von 45° bis 60° berücksichtigt. Neigungswinkel bis 7° können unberücksichtigt bleiben. In der Abbildung 55 werden die tatsächlichen Belastungen der Anschlagmittel dargestellt.

Tabelle 12: Berechnungsfaktoren (Faustwerte für die Einsatzpraxis) bei Neigungswinkeln (Quelle: Siekaup)

Neigungswinkel	Lastfaktor
0° – 7°	1 (100 %)
7° – 45°	0,7 (70 %)
45° – 60°	0,5 (50 %)

Sollten die Neigungswinkel im 2-Strang unterschiedlich sein, dann ist der größte Neigungswinkel maßgebend für die Berechnungsgrundlage.

Neigungswinkel größer als 60° sind nicht zulässig!

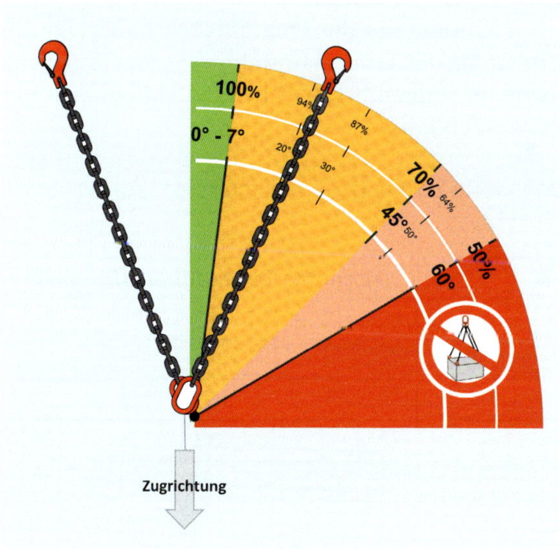

Abbildung 55: Belastungsänderungen durch Neigungswinkel (Quelle: Siekaup/Brugg)

5.3 Festpunkte

Ein Seilwindeneinsatz kann mitunter sehr kreativ gestaltet werden. Es kann vorkommen, dass z.B. eine Umlenkrolle notwendig ist. Diese muss dann an einem geeigneten Festpunkt sicher angeschlagen werden. Als Festpunkte kommen natürliche oder künstliche Festpunkte in Frage. In Abhängigkeit von den zu erwartenden Kräften müssen diese entsprechend dimensioniert sein. Im Folgenden werden einige Festpunkte mit den zu erwartenden Tragfähigkeiten erläutert.

5.3.1 Bäume

Bäume sind in der Natur oft auch an Einsatzstellen vorhanden. Oftmals finden wir sie in unmittelbarer Nähe zu Verkehrsflächen. Sie können sehr nützlich sein, um einen Seilwindeneinsatz optimaler durchführen zu können. Die mögliche Zugkraftbelastung von Bäumen sollte man als Anwender einer Seilwinde sicher abschätzen können. Grundsätzlich wird die Tragfähigkeit von Bäumen durch deren Wurzelwerk definiert. Hier werden Flachwurzler und Tiefwurzler unterschieden. Auch die Bodenart, Feuchtigkeitsgehalt und das Oberflächenniveau können Einfluss auf die Tragfähigkeit haben. In der folgenden Tabelle sind in Abhängigkeit vom Stammdurchmesser mögliche Zugkraftbelastungen in Bodennähe aufgeführt, welche bei Laubbäumen mit tiefen Wurzeln angenommen werden können.

Tabelle 13: Zugkraftbelastungswerte bei Laubbäumen mit tiefen Wurzeln (Quelle: Siekaup)

Baumstärke Ø cm	Mögliche Zugkraftbelastung kN
20	13
30	30
40	53
50	83
60	120

5.3.2 Leitplankenpfosten

Leitplanken finden wir auch häufig an Unfallstellen auf Land- und Bundesstraßen sowie Autobahnen vor. Sollte ein Leitplankenpfosten als Umlenk- oder Festpunkt genutzt werden müssen, dann ist es gut zu wissen, dass man einen unbeschädigten Leitplankenpfosten in Bodennähe mit mindestens 20 kN Zugkraft belasten kann. Ggf. kann die Zugkraftbelastung mit einem weiteren Pfosten erhöht werden.

Abbildung 56:
Zwei Leitplankenpfosten zu einem Festpunkt zusammengeführt (Quelle: Siekaup)

5.3.3 Feuerwehrfahrzeuge als Festpunkt

Feuerwehrfahrzeuge der Klasse M (Mittel 7,5 t – 16 t) und S (Super GM > 16 t) sind meistens mit je zwei Schäkeln an der Fahrzeugfront und am Fahrzeugheck ausgestattet. Falls das nicht der Fall ist, sollte ein Koppelmaul und/oder eine Anhängezugvorrichtung vorhanden sein. Die Schäkel können in der Regel mit je 50 kN Zugkraft beansprucht werden. Dabei sollen immer beide Schäkel zusammen verwendet und gleichmäßig belastet werden. Die Kennzeichnung der Schäkel sollte neben der möglichen Zugkraftaufnahme auch noch den zulässigen Schrägzugwinkel beinhalten. Auf die Schäkel kann verzichtet werden, wenn das Koppelmaul und die Anhängezugvorrichtung eine Zugkraft von je 100 kN aufnehmen können.

Abbildung 57:
Feuerwehrfahrzeug als Festpunkt, gleichmäßige Schäkelbelastung (Quelle: Siekaup)

Die Anschlagmittelkombination aus Rundschlinge und Kranzkette ermöglicht eine Verkürzung zur genaueren Positionierung der Umlenkrolle und zugleich einen Lastausgleich auf beide Schäkel an der Fahrzeugfront.

5.3.4 Erdanker

Erdanker sind in verschiedenen Ausführungen erhältlich. Die Abbildung 58 zeigt einen dreiteiligen Erdanker. Durch Einschlagen von Erdnägeln können die Metalllaschen am Boden fixiert werden. Die Tragfähigkeiten sind abhängig von:

- Bodenart,
- Feuchtigkeitsgehalt des Bodens,
- Einschlagtiefe und Menge der Erdnägel und
- Einschlagrichtung der Erdnägel.

Das gezeigte Einschlagbild der Erdnägel ermöglichte bei Zugkraftversuchen die höchste Zugkraftaufnahme von ca. 12,7 kN. Beim Versuch mit allen Nagelköpfen in Zugrichtung mit identischer Einschlagtiefe konnten ca. 9,8 kN erreicht werden. Beim Versuch mit vier Nagelköpfen entgegen der Zugrichtung konnten lediglich 3,9 kN Haltekraft ermöglicht werden. In einem weiteren Versuch, bei dem alle drei Metallaschen und 12 zur Hälfte eingeschlagenen Erdnägeln konnte eine Haltekraft von etwa 18 kN gewährleistet werden.

Abbildung 58: Erdanker mit optimaler Einschlagrichtung der Erdnägel (Quelle: Siekaup)

5.3.5 Festpunkt mit Umlenkrolle

Ist der Einsatz einer Umlenkrolle erforderlich, muss der Festpunkt der Umlenkrolle ggf. bis zum Doppelten der zu erwartenden Zugkraft aufnehmen können. Die notwendige Belastbarkeit des Festpunkts ergibt sich aus der notwendigen Zugkraft und den Neigungswinkeln des Zugseils zum Festpunkt hin. Das Verhältnis der Krafteinwirkung auf den Festpunkt kann für die Einsatzpraxis mit Faustwerten vereinfacht dargestellt werden.

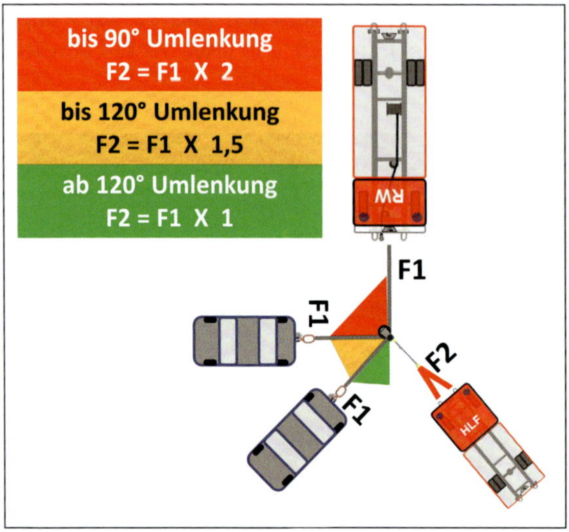

Abbildung 59: Faustwerte der Festpunktbelastung bei Verwendung der Umlenkrolle (Quelle: Siekaup)

Die Faustwerte bieten in der Einsatzpraxis ausreichend Reserve. Denn in einem Winkelbereich von 0–90° wirkt nur bei 0° die die doppelte Zugkraft auf den Festpunkt der Umlenkrolle. Bei einem Umlenkwinkel von 60° wirken nur noch die 1,7-fachen Kräfte auf den Umlenkpunkt. Bei 90° ist es nur noch die 1,4-fache Kraft, die auf den Umlenkpunkt wirkt.

5.4 Selbstkontrolle und Testfragen

(Lösungen siehe Seite **116**)

1. Wo sind die Hinweise zur Verwendung von Anschlagmitteln grundlegend zusammengefasst?

a) Feuerwehrdienstvorschrift 1 „Grundtätigkeiten im Feuerwehreinsatz".
b) DGUV-Vorschrift 54 „Winden, Hub- und Zuggeräte".
c) DGUV-Regel 109-017 „Betreiben von Lastaufnahmemitteln und Anschlagmitteln im Hebezeugbetrieb".

2. Bei welchen Lasten kann die Rundschlinge am sinnvollsten verwendet werden?

a) Bei allen Lasten, da die Rundschlinge am robustesten von den Anschlagmitteln ist.
b) Bei Lasten mit rutschiger oder empfindlicher Oberfläche.
c) An heißen Teilen.

3. Warum dürfen zum Anschlagen von Lasten nur kurzgliedrige Ketten verwendet werden?

a) Da das Verhältnis von Kettenstärke und Gliedlänge nicht größer als das Dreifache ist, wodurch eine Knickbelastung des Kettenglieds nahezu vermieden wird.
b) Es dürfen auch langgliedrige Ketten verwendet werden.
c) Da diese genug Sicherheitsreserve haben, falls sie einmal überlastet werden sollten.

4. Wie hoch ist der Sicherheitsfaktor bei Anschlagseilen?

a) Der Sicherheitsfaktor entspricht dem 3-fachen der Nennbelastung.
b) Der Sicherheitsfaktor entspricht dem 4-fachen der Nennbelastung.
c) Der Sicherheitsfaktor entspricht dem 5-fachen der Nennbelastung.

6 Anwendung der maschinellen Zugeinrichtung

Um die vielfältigen und flexiblen Einsatzmöglichkeiten einer maschinellen Zugeinrichtung bei der Feuerwehr regelgerecht und sicher durchführen zu können, ist eine grundlegende und fundierte Ausbildung bestehend aus Theorie und realistischen Einsatzübungen erforderlich.

Damit der Seilwindeneinsatz koordiniert und kontrolliert erfolgen kann, ist ein schematischer standardisierter Ablauf nicht verkehrt. Es sind mindestens zwei Einsatzkräfte

- Seilwindenführer/Einweiser (Gruppenführer/Truppführer) und
- Maschinist/Bediener (Truppmann)

erforderlich, um zügig einen Einsatzerfolg erzielen zu können. Je nach Situation kann auch eine Gruppe sinnvoll ergänzen. Dazu sollten auch alle Beteiligten einen elementaren Teil an Grundkenntnissen zum Einsatz der Seilwinde besitzen.

Ein guter schematischer Einsatzablauf für den Einsatz der Seilwinde lässt sich in fünf Phasen einteilen:

- Erkunden und Planen
- Sichern
- Fahrzeug (Seilwinde) positionieren
- Zu ziehende Last anschlagen
- Ziehen (Durchführung des Zugvorgangs)

Im Weiteren werden die einzelnen Phasen inhaltlich beispielhaft erläutert.

6.1 Erkunden und Planen

Die Erkundung obliegt dem Einheitsführer der maschinellen Zugeinrichtung. Dabei sind folgende Faktoren zu erkunden:

- Welche Masse hat die Last?
- In welcher Lage befindet sich die Last?
- Welche Zugkraft ist notwendig?
- Was für ein Gegenlager hat mein Windenfahrzeug in der Situation?
- Wird eine Rolle zur Zugkrafterhöhung benötigt?
- Welche Zugstrecke muss zurückgelegt werden?
- Was für Anschlagpunkte sind nutzbar?
- Ist das richtige Anschlagmittel vorhanden?
- Ist die Aufstellfläche ausreichend?
- Ist die Sicherheit jederzeit gewährleistet?

Jeder Einsatz ist anders und muss immer situationsbezogen erkundet werden. Die genannten physikalischen Faktoren sollten bei jeder Erkundung bewertet werden.

Durch die Masse einer zu ziehenden Last kann die Gewichtskraft ermittelt werden. Durch Einbeziehung des Reibungsfaktors zwischen der Gewichtskraft und den Kontaktflächen zum Untergrund der Last könnte in der Theorie die notwendige Zugkraft genau berechnet werden. Ein entscheidender Punkt ist allerdings auch noch die Lage der Last. Sollte z.B. ein PKW unter einem LKW Anhänger fest verkeilt sein, kommen weitere schwer kalkulierbare, die Zugkraft steigernde Faktoren hinzu. Eine genaue Berechnung der notwendigen Zugkraft ist in der Einsatzpraxis meistens nicht möglich.

Das Verständnis für das Zusammenwirken aller physikalischen Faktoren ist ein elementarer Fähigkeitsbaustein eines jeden Anwenders der maschinellen Zugeinrichtung. Hinzu kommt das richtige Einschätzen der Gewichte verschiedener Lasten. Allein durch die Betrachtung der einzelnen Punkte sollte das Seilwindenpersonal dazu in der Lage sein, die Machbarkeit aus rein physikalischer Sicht zu erkennen. Im Konkreten bedeutet es also, dass die notwendige Zugkraft abgeschätzt werden muss.

Voraussetzung zum richtigen Abschätzen der Machbarkeit ist eine praxisorientierte Ausbildung an dem tatsächlich vorhandenen Seilwindenfahrzeug. Auch die Kenntnis über das mögliche Gegenlager bzw. die Haltekraft des Seilwindenfahrzeugs sollte jeder Anwender der Seilwinde kennen; zumindest die mögliche Haltekraft des Fahrzeugs mit trockenen Reifen auf trockenem Asphalt.

Sollten die geschätzten notwendigen Zugkräfte höher sein als die Nennzugkraft der maschinellen Zugeinrichtung, dann kann direkt der Einsatz der losen Rolle einbezogen werden, um die Zugkraft zu steigern. Je nach Untergrundsituation kann es unter Verwendung der losen Rolle dazu noch notwendig sein, die Haltekraft des Seilwindenfahrzeugs zu erhöhen.

Das Erhöhen der Haltekraft kann neben dem Einlegen der 4-Radfeststellbremse zum einen durch das zusätzliche Betätigen der Betriebsbremse (Bremspedal), sowie das Verankern des Seilwindenfahrzeugs an einem Festpunkt erfolgen.

Abbildung 60:
Seilwindenfahrzeug verankert mit weiterem Feuerwehrfahrzeug.
(Quelle: Siekaup)

Aus der Ermittlung der notwendigen Zugstrecke ergeben sich Aufstellposition des Seilwindenfahrzeugs und die Länge der Anschlagmittel sowie die Anschlagart.

Die verfügbaren Anschlagpunkte sollten für die zu erwartenden Zugkräfte ausgelegt sein. Die Platzverhältnisse nehmen auch Einfluss auf die Auswahl des Anschlagmittels. Ggf. ist die Anwendung einer Umlenkrolle möglich.

Des Weiteren ist auf ausreichend Abstand rund um das Seilwindenfahrzeug zu achten. Das Positionieren des Seilwindenfahrzeugs, aber auch das spätere Zurücknehmen des Materials sollte vor dem Zugvorgang bedacht werden.

Die FwDV 1 „Grundtätigkeiten im Lösch- und Hilfeleistungseinsatz“ gibt dazu folgende Anmerkungen:

Hinweise zur Sicherheit

- Die allgemeinen Regeln zum Gebrauch von Drahtseilen und Schäkeln sind zu beachten.
- Die Hinweise des Herstellers der Zugeinrichtung sind zu beachten.
- Die zulässige Belastung der Zugeinrichtung, von Schäkeln und Anschlagmitteln darf nicht überschritten werden.
- Der zulässige Schrägzugwinkel soll nicht überschritten werden.
- Die Zugeinrichtung soll nicht zum Heben von Lasten verwendet werden.
- Solange Lasten an der Zugeinrichtung angeschlagen sind und während des Ziehens von Lasten mit der Zugeinrichtung darf das Feuerwehrfahrzeug nicht bewegt werden.
- Zu unter Last stehenden Seilen ist ein Sicherheitsabstand r von mindestens dem 1,5-fachen der wirksamen Seillänge einzuhalten.
- Beim Aufspulen des Zugseils ist die Quetschgefahr für Hände zu beachten. Daher ist beim Führen des Zugseils mit den Händen ein Abstand von ca. 1 m von der Propellerrolle einzuhalten.

6.2 Sichern

Sicherungsmaßnahmen können vor, während oder nach dem Zugvorgang erforderlich sein, welche aus der Erkundung und Planung resultieren sollten. Das kann z.B. sein, dass ein PKW, der an einer Böschung liegt, erst dann angeschlagen werden kann, wenn ein Abrutschen des PKW ausgeschlossen werden kann oder eben durch Sicherungsmaßnahmen ausgeschlossen wird.

Während des Zugvorgangs muss der Einsatzbereich der maschinellen Zugeinrichtung gesichert werden, z.B. gegen unbefugtes Betreten von Einsatzkräften oder eine Sicherung durch Ausleuchten gegen Dunkelheit usw. Der Einsatz einer Seilwarntafel sollte immer dann erfolgen, wenn das Windenseil etwas länger gespannt bleibt.

Wichtig ist es, daran zu denken, dass die gezogene Last an ihrem Endpunkt auch sicher zum Liegen kommt. Es könnte schwerwiegende Folgen nach sich ziehen, wenn z.B. ein umgestürztes Fahrzeug aufgerichtet wird und plötzlich unkontrolliert losrollt.

6.3 Fahrzeug (Seilwinde) positionieren

Maßgeblich für das Positionieren des Seilwindenfahrzeugs ist der Seilauslass an der Fahrzeugfront oder dem Fahrzeugheck.

Das Zugseil sollte immer direkt zur Last geführt werden, unter Einhaltung des maximal zulässigen Schrägzugwinkels von 25°. Dabei sollte es frei hängen und keinen Kontakt zu anderen Gegenständen haben. Ist das nicht möglich, kann ggf. eine Umlenkrolle oder der zur Seilwinde gehörende Kantenreiter zum Einsatz kommen.

In der Verlängerung vom Start zum gewünschten Zielpunkt findet der Seilauslauf die richtige Position. Bei deren Ermittlung sind die Anschlagpunkte an der Last mit der Anschlagart zu berücksichtigen.

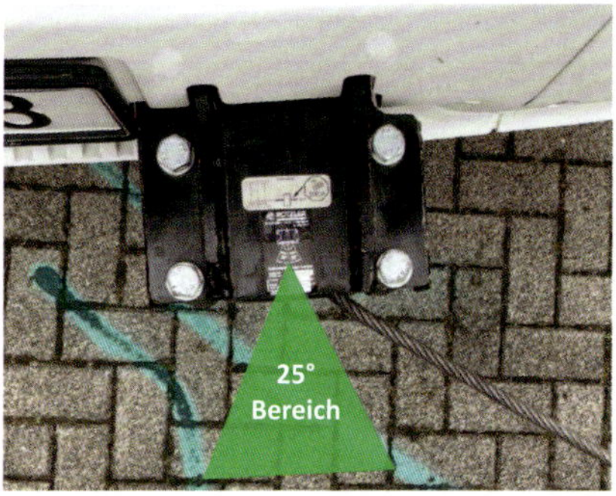

Abbildung 61:
Schrägzugwinkel von 25° überschritten
(Quelle: Siekaup)

6.4 Anschlagen der Last

Das Anschlagen der Last soll unter Beachtung des Kapitels 5 „Anschlagen von Lasten“ erfolgen. Eine Anschlagmittelbelastungstabelle kann eine schnelle Übersicht über die Tragfähigkeiten der Anschlagmittel in verschiedenen Anschlagarten ermöglichen.

Tabelle 14: Belastungstabelle Anschlagketten (Quelle: Siekaup)

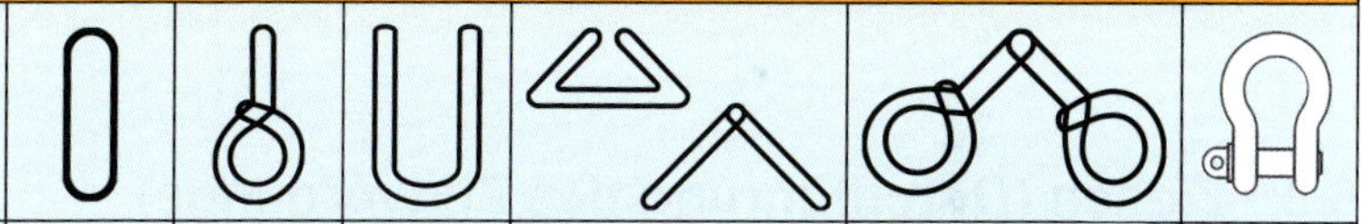

Rundschlingen/Hebebänder (Tragfähigkeit in t)								
Anschlagart	direkt	geschnürt	umgelegt	mit Neigungswinkel		geschnürt mit Neigungswinkel		
Winkel β	0°	0°	0°	0 – 45°	45 – 60°	0 – 45°	45 – 60°	Schäkel Richtgrößen
Lastfaktor	1,00	0,80	2,00	1,40	1,00	1,12	0,80	
violett	1,00	0,80	2,00	1,40	1,00	1,10	0,80	3,25
grün	2,00	1,60	4,00	2,80	2,00	2,25	1,60	4,75
gelb	3,00	2,40	6,00	4,20	3,00	3,35	2,40	6,50
grau	4,00	3,20	8,00	5,60	4,00	4,50	3,20	8,50
rot	5,00	4,00	10,00	7,00	5,00	5,60	4,00	9,50
braun	6,00	4,80	12,00	8,40	6,00	6,70	4,80	12,00
blau	8,00	6,40	16,00	11,20	8,00	8,95	6,40	17,00
orange	10,00	8,00	20,00	14,00	10,00	11,20	8,00	17,00

Tabelle 15: Belastungstabelle Anschlagketten (Quelle: Siekaup)

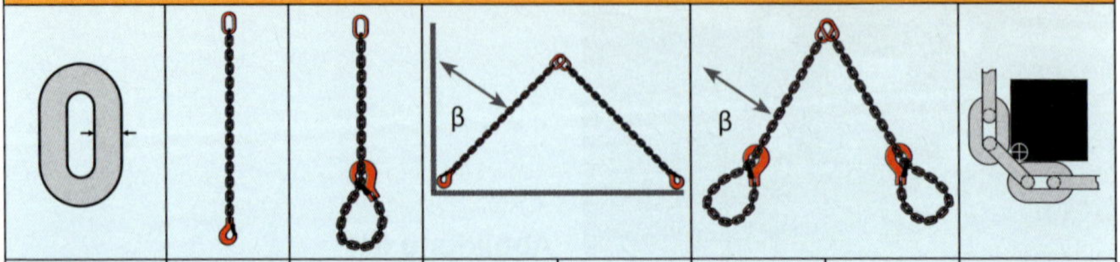

Anschlagketten (Tragfähigkeit in t)							
Ø K-Glied in mm							Beim Einsatz einer Kette an einer metallisch scharfen Kante nur noch mit 80 % Tragfähigkeit rechnen.
Anschlagart	direkt	geschnürt	mit Neigungswinkel		geschnürt mit Neigungswinkel		
Winkel β	0°	0°	0 – 45°	45 – 60°	0 – 45°	45 – 60°	
Lastfaktor	1,00	0,80	1,40	1,00	1,12	0,80	0,8
GK 10 8	2,50	2,00	3,55	2,50	2,80	2,00	x 0,8
GK 10 10	4,00	3,20	5,60	4,00	4,25	3,15	x 0,8
GK 10 13	6,70	5,30	9,50	6,70	7,50	5,30	x 0,8
GK 8 8	2,00	1,60	2,80	2,00	2,24	1,60	x 0,8
GK 8 10	3,15	2,50	4,25	3,15	3,55	2,50	x 0,8
GK 8 13	5,30	4,25	7,50	5,30	5,90	4,25	x 0,8

Empfehlung: Es wird empfohlen, Anschlagmittelbelastungstabellen auf dem Seilwindenfahrzeug mitzuführen.

6.5 Ziehen (Durchführung des Zugvorgangs)

Sobald die Last regelgerecht angeschlagen ist, kann der Zugvorgang eingeleitet werden. Zur Durchführung dessen ist neben dem Seilwindenbediener auch ein Einweiser erforderlich, der die bewegende Last jederzeit einsehen kann. Er gibt dem Bediener eindeutige Zeichen, die ihm die Bewegungsrichtung der Seilwinde signalisiert.

Abbildung 62: Sichtzeichen durch Einweiser für Bediener (Quelle: Piepenbrink)

Der nach oben gerichtete Arm zeigt dem Bediener an, dass die Seilwinde eingefahren werden soll. Die Geschwindigkeit der kreisenden Bewegung des Unterarms zeigt an, mit welcher Geschwindigkeit die Winde eingefahren werden kann. Wird der Arm nach unten gerichtet, bedeutet es, dass die Winde ausgefahren werden soll. Das Beenden der kreisenden Bewegungen bedeutet, dass die Winde nicht weiter betätigt werden soll.

Sollte ein Sichtkontakt nicht möglich sein, dann kann die Einweisung auch über Funk erfolgen. Dabei sollten klare Begriffe (z.B. „Seil einfahren"/„Seil ausfahren") definiert werden.

> Grundsätzlich sollte der Einweiser jederzeit die Last und, wenn vorhanden, den Umlenkpunkt beobachten, um bei Gefahrensituationen schnell eingreifen zu können.
>
> Der Seilwindenbediener achtet nur auf den Einweiser.

6.6 Selbstkontrolle und Testfragen

(Lösungen siehe Seite **116**)

1. Wie viele Einsatzkräfte sind mindestens notwendig, um einen Seilwindeneinsatz regelgerecht durchführen zu können?

a) Der Maschinist der Seilwinde ist alleine ausreichend.
b) Zwei Einsatzkräfte: Maschinist der Seilwinde und Einweiser.
c) Drei Einsatzkräfte: Maschinist der Seilwinde, Einweiser und Gruppenführer.

2. Bei dem Versuch, einen voll beladenen LKW nach hinten zu ziehen (Einsatz der losen Rolle), rutscht das Seilwindenfahrzeug auf dem trockenen Asphalt vor. Wie kann die Haltekraft des Seilwindenfahrzeugs erhöht werden?

a) Die Haltekraft kann nicht erhöht werden.
b) Der Einsatz von verzahnten Radkeilen ist notwendig.
c) Betätigen der Betriebsbremse.
d) Durch Anschlagen des Seilwindenfahrzeugs an einem weiteren Feuerwehr-Großfahrzeug.

3. Der Einweiser hebt den Arm und macht kreisende Bewegungen mit der Hand. Was bedeutet das?

a) Der Maschinist erhält dadurch das Signal, die Seilwinde einzufahren.
b) Sofort alle Windenbewegungen stoppen.
c) Die Seilwinde muss schnell ausgefahren werden (Last entlasten).
d) Die Seilwinde muss langsam ausgefahren werden (Last entlasten).
e) Alle Beteiligten erkennen, dass der Zugvorgang startet und die zu ziehende Last sich jeden Moment in Bewegung setzen kann.

7 Einsatzbeispiele

Der regelgerechte und effiziente Einsatz der maschinellen Zugeinrichtung setzt voraus, dass das Wissen aus den Kapiteln 1 bis 6 vorhanden ist. Im Folgenden werden anhand von zwei Einsatzbeispielen Möglichkeiten zur Anwendung der Seilwinde beschrieben.

7.1 Fahrzeug festgefahren, direkter Zug

Ein Rettungswagen hat sich bei Dunkelheit und Nieselregen an seiner Einsatzstelle abseits von einem befestigten Weg auf einer Rasenfläche festgefahren. Anhand der fünf Phasen,

- Erkunden und Planen
- Sichern
- Fahrzeug (Seilwinde) positionieren
- Anschlagen der Last
- Ziehen (Durchführung des Zugvorgangs)

wird nun der Seilwindeneinsatz zum Herausziehen des Rettungswagens beschrieben.

Abbildung 63: Fahrzeug festgefahren, Einsatz der Seilwinde im direkten Zug (Quelle: Siekaup)

7.1.1 Erkunden und Planen

Die Erkundung der Einsatzstelle ergab folgende Ergebnisse:

- Ein Rettungswagen an einer Einsatzstelle in einer Wohnanlage hat sich abseits des befestigten Wegs auf einer nassen Rasenfläche festgefahren.
- Der Rettungswagen muss ca. 3 m zurück auf den befestigten Weg gezogen werden.
- Ein möglicher Anschlagpunkt ist am Fahrgestellrahmen des RTW (Mercedes Sprinter mit Kofferaufbau) vorhanden.
- Die Anfahrt und Positionierung des Rüstwagens (RW-1 auf Unimog) ist kein Problem. Es steht ausreichend Platz zur Verfügung. Es ist damit zu rechnen, dass der Untergrund unter dem RW-1 etwas in Mitleidenschaft (Fahrspuren) gezogen wird.

Durch diese Erkundungsergebnisse wird die Machbarkeit des Einsatzauftrags schon einmal bestätigt.

Durch die tatsächliche Masse des RTW von ca. 3,5 t und nicht im Erdreich eingesunkenen rollfähigen Rädern wird die benötigte Zugkraft auf ca. 5–8 kN geschätzt. Der Rettungswagen ist schließlich noch rollfähig. Bei der zu erwartenden Zugkraft kann der Zug im einfachen Strang erfolgen – es ist keine lose Rolle erforderlich. Die Mindestzugstrecke beträgt ca. 3 m. Da genügend Platz hinter dem Rettungswagen zur Verfügung steht, ist das Positionieren des RW-1 unproblematisch. Als Anschlagpunkt kann ein Weitmaulhaken an einer Kette verwendet werden.

7.1.2 Sichern

Durch die funktionierende Umfeldbeleuchtung des Rettungswagens und das Abblendlicht des RW-1 sowie der vorhandenen Gehwegbeleuchtung wird die Sicherung gegen Dunkelheit gewährleistet.

Es sind keine Schaulustigen vor Ort. Mit dem RW-1 sind insgesamt zwei Einsatzkräfte der Feuerwehr sowie die zwei Mitarbeiter des Rettungswagens anwesend. Die Sicherung des Umfelds erfolgt durch Einblick des Einweisers

(Gruppenführer RW-1) auf der einen und durch einen Sicherungsposten (Führer des RTW) auf der anderen Seite. Der Sicherheitsabstand (1,5-fache Seillänge) kann eingehalten werden. Aufgrund der geringen zu erwartenden Zugkraft kann ein Versagen des Anschlagmittels oder Festpunkts ausgeschlossen werden.

Der befestigte Weg, auf den der Rettungswagen gezogen werden soll, befindet sich auf einer Kuppe. Es könnte sein, dass der Rettungswagen nach Überwinden der Kuppe anfangen könnte, in Richtung RW-1 zu rollen. Das bedeutet, dass jederzeit gewährleistet werden muss, den Rettungswagen bremsen zu können. Diese Möglichkeit wird durch den Fahrer des Rettungswagens ermöglicht, indem sich dieser während des Zugvorgangs auf dem Fahrersitz befindet und bei Bedarf vom Einweiser der Seilwinde (Gruppenführer RW-1) aufgefordert wird, die Bremse des Rettungswagens zu betätigen.

7.1.3 Fahrzeug positionieren

Der RW-1 wird in Fahrtrichtung etwa 10 m hinter dem Rettungswagen positioniert. Bei diesem Fahrzeug muss im Seilwindenbetrieb die 4-Rad Feststellbremse zugeschaltet werden.

7.1.4 Anschlagen der Last

Der Fahrgestelllängsträger ist von der Fahrerseite aus sehr gut zu erreichen. In einem Langloch, seitlich im Längsträger, kann ein Weitmaulhaken direkt eingehängt werden. Dieser wird mit dem Schlinghaken der Anschlagkette adaptiert. Die etwa 3 m lange Anschlagkette wird hinter dem Rettungswagen bereitgelegt. Nachdem der Maschinist des RW-1 die Seilwinde in Betrieb gesetzt hat, kann der Einweiser das Zugseil der Seilwinde ausziehen und mit einem Schäkel die Anschlagkette mit dem Zugseil verbinden. Bei der Anschlagkette mit dem zugehörigen adaptierbaren Weitmaulhaken handelt es sich um eine Anschlagkette in der Güteklasse 10, Kettenstärke 10 mm, die somit eine Nenntragfähigkeit von WLL 4 t hat. Da diese mit der Anschlagart direkt angeschlagen wird, darf diese auch mit 4 t (40 kN) Zugkraft belastet werden. Bei den zu erwartenden Zugkräften von etwa 5–8 kN besteht ein deutlicher Leistungsüberschuss. Somit ergeben sich zusätzliche Sicherheitsreserven.

Abbildung 64:
Weitmaulhaken am Fahrgestelllängsträger direkt angeschlagen
(Quelle: Siekaup)

7.1.5 Ziehen

Nachdem das Anschlagen erfolgt ist, kann der Zugvorgang gestartet werden. Der Einweiser (Gruppenführer RW-1) legt die Vorgehensweise zur Durchführung des Zugvorgangs fest, hält Blickkontakt zum Gefahrenbereich zwischen Rettungswagen und Rüstwagen. Durch das Handzeichen „Seil Ein“ signalisiert er dem Maschinisten, dass der Zugvorgang eingeleitet werden soll. Währenddessen ist der Fahrersitz auf dem RTW besetzt, durch Lenkbewegungen kann der Zugvorgang unterstützt und am Ende des Zugvorgangs die Feststellbremse betätigt werden.

7.2 LKW blockiert Autobahn nach Verkehrsunfall

Nach einem Verkehrsunfall mit drei LKW und einem PKW ist es notwendig, einen schräg auf der Fahrbahn stehenden LKW-Tandemanhänger zur Seite zu ziehen, um die technischen Rettungsmaßnahmen unter optimaleren Bedingungen durchführen zu können. Anhand des Beispiels wird der Einsatz der Seilwinde beschrieben.

Ausgangslage von vorne, BAB blockiert, Rettungsmaßnahmen erschwert

Tandemanhänger soll im angekuppelten Zustand nach links gezogen werden

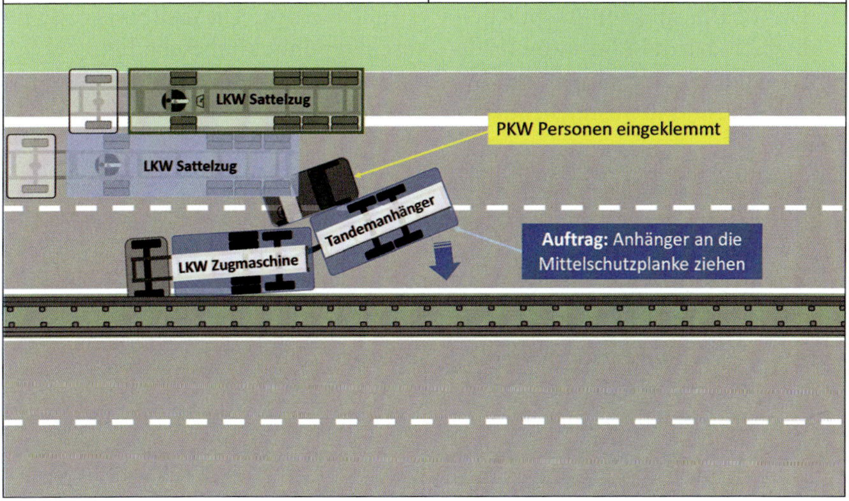

Abbildung 65: Ausgangslage Verkehrsunfall mit drei LKW und einem PKW auf Bundesautobahn (Quelle: Feuerwehr Bad Wünnenberg)

7.2.1 Erkunden und Planen

Die Erkundung für den Seilwindenauftrag ergab folgende Ergebnisse:

- Der LKW-Tandemanhänger hat ca. 8 t geladen. Inklusive Anhänger wird die Gesamtmasse auf ca. 11,0 t geschätzt. Die Reibungskräfte werden auf der kalten nassen Fahrbahn mit dem Faktor 0,6–0,7 berücksichtigt, sodass eine Zugkraft von ca. 70 kN notwendig sein wird.
- Der Anhänger ist offensichtlich unbeschädigt und fest in der Anhängezugvorrichtung der Zugmaschine. Diese wird als Dreh- und Sicherungspunkt verwendet.
- Die Platzverhältnisse sind beengt, der Auftrag kann nur durch die Verwendung von zwei Umlenkrollen erfolgen.
- Als Anschlagpunkte kommen nur die Leitplankenpfosten in Frage. Die mögliche Belastbarkeit eines Leitplankenpfostens (20 kN) ist bekannt. Die Kräfte müssen entsprechend verteilt werden. Die Leitplanke ist im Bereich der in Frage kommenden Anschlagpunkte unbeschädigt.
- Die Anschlagmittel vor Ort: 2 x Rundschlinge 6 t, 4 x Anschlagkette 4 t, Schäkel sind in ausreichender Menge und Größe vorhanden.

Die Erkundung und Planung hat ergeben, dass der Einsatzauftrag erfüllt werden kann.

7.2.2 Sichern

Das LKW-Gespann ist bereits durch die Feststellbremse gegen Wegrollen gesichert. Die Ladung und die Ladungssicherung sind unbeschädigt.

Die Sicherungsmaßnahmen beschränken sich bei diesem Einsatzauftrag für die Seilwinde auf die Sicherung des Gefahrenbereichs gegen unbefugtes Betreten durch Personen während des Zugvorgangs.

7.2.3 Fahrzeug positionieren

Der Rüstwagen wird in Fahrtrichtung mit dem Seilauslauf nach vorn auf der linken Fahrspur ca. 10 m hinter dem verunfallten Anhänger positioniert. So ist ein ungehinderter Seilauslauf unter dem Schrägzugwinkel von 25° möglich.

7.2.4 Anschlagen der Last

Bei diesem Zugvorgang werden zwei Rollen eingesetzt. Zunächst eine Umlenkrolle an der Mittelschutzplanke; diese ist mit Anschlagketten an zwei Leitplankenpfosten angeschlagen. Aufgrund des Umlenkwinkels von ca. 90° werden hier Kräfte von ca. 52,5 kN an der Umlenkrolle anliegen, welche wiederum auf die beiden Leitplankenpfosten verteilt werden.

Um die notwendige Zugkraft von 70 kN aufbringen zu können, ist eine lose Rolle erforderlich. Diese wird zweisträngig mit Anschlagketten „direkt" an dem Fahrgestellrahmen des Anhängers angeschlagen.

Als Rückführungspunkt für das Zugseil werden zwei Leitplankenpfosten im Mittelstreifen verwendet. Die Kraft von 35 kN wird über die zwei Stränge auf die Leitplankenpfosten verteilt.

7.2.5 Ziehen

Nachdem die gesamte Zugstrecke vorbereitet wurde, werden in der Phase „Ziehen" alle anwesenden Personen über den Gefahrenbereich informiert und aus diesem ferngehalten. Der Einweiser hält den Blickkontakt zum Gefahrenbereich (linke Fahrspur) und zu den Festpunkten an den Leitplanken und positioniert sich außerhalb des Gefahrenbereichs mit Blickkontakt zum Maschinisten der Seilwinde. Der Einweiser startet den Zugvorgang durch Handzeichen „Seil Ein".

Abbildung 66: LKW-Anhänger unter Einsatz von zwei Rollen quer ziehen (Quelle: Feuerwehr Bad Wünnenberg)

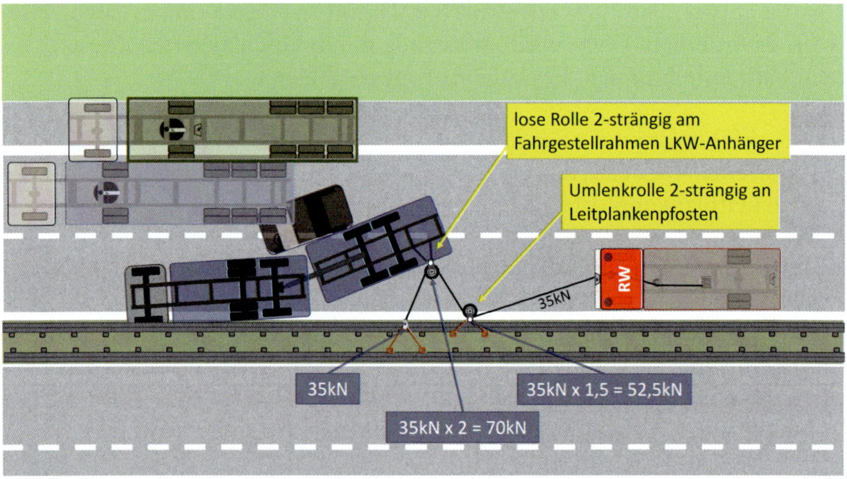

Abbildung 67: Schematischer Aufbau, Kraftverteilung (Quelle: Siekaup)

7.3 Selbstkontrolle und Testfragen

(Lösungen siehe Seite 116)

1. Welche Begriffe sind Bestandteil des korrekten Zugvorgangs?

a) Erkundung und Planung
b) Kraftberechnung
c) Ziehen
d) Anschlagen der Last

2. Was ist beim Positionieren des Seilwindenfahrzeugs zu beachten?

a) Der Seilauslauf am Fahrzeug muss in Zugrichtung ausgerichtet sein.
b) Es müssen immer Unterlegkeile vor die Räder gelegt werden.
c) Ein Schrägzug bis 45° ist möglich, falls das Fahrzeug nicht in Zugrichtung positioniert werden kann.
d) Die 4-Rad Feststellbremse muss eingelegt werden.

3. Welche Sicherheitsmaßnahmen sind vor und während der Phase „Ziehen" durchzuführen?

a) Sichtprüfung aller Anschlagpunkte.
b) Gefahrenbereich definieren und diesen von Personen freihalten.
c) Keine, nachdem die Zugstrecke steht, kann gezogen werden.

4. Im Einsatzbeispiel 2, siehe Abbildung 66, wurde das Zugseilende an der Leitplanke befestigt. Welche Zugkräfte wirken auf einen Leitplankenpfosten?

a) Es wirken ca. 30 kN auf einen Pfosten.
b) Es wirken ca. 17,5 kN auf einen Pfosten.
c) Es wirken ca. 25 kN auf einen Pfosten.

8 Literatur- und Quellenverzeichnis

Feuerwehr-Dienstvorschrift 1 (FwDV 1) „Grundtätigkeiten – Lösch- und Hilfeleistungseinsatz“, Stand: September 2006, Ausschuss Feuerwehrangelegenheiten, Katastrophenschutz und zivile Verteidigung (AFKzV)

Feuerwehr-Dienstvorschrift 2 (FwDV 2) „Ausbildung der Freiwilligen Feuerwehren“ Stand: Januar 2012, Ausschuss Feuerwehrangelegenheiten, Katastrophenschutz und zivile Verteidigung (AFKzV)

Verordnung über Sicherheit und Gesundheitsschutz bei der Verwendung von Arbeitsmitteln (Betriebssicherheitsverordnung – BetrSichV), Stand: Juli 2021

Deutsche Gesetzliche Unfallversicherung e.V. (DGUV), Berlin:

DGUV Vorschrift 49 „Unfallverhütungsvorschrift Feuerwehren“ Stand: Oktober 2019

DGUV Vorschrift 54 „Winden, Hub- und Zuggeräte“, Stand: November 2013

DGUV Regel 105-049 „Feuerwehren“, Stand Juni 2018

DGUV Regel 109-017 „Betreiben von Lastaufnahmemitteln und Anschlagmitteln im Hebezeugbetrieb“, Stand: Dezember 2020

DGUV Information 214-060 „Seilarbeit im Forstbetrieb“, Stand: Januar 2014

DIN-Normen, Bezug bei der Beuth Verlag GmbH, Burggrafenstraße 6, 10787 Berlin

DIN 14584, Feuerwehrfahrzeuge – Zugeinrichtungen mit maschinellem Antrieb – Anforderungen, Prüfung, Stand: Dezember 2016

DIN EN 1846-1, Feuerwehrfahrzeuge – Teil 1: Nomenklatur und Bezeichnung; Deutsche Fassung EN 1846-1:2011; Stand: Juli 2011

DIN EN 1846-2, Feuerwehrfahrzeuge – Teil 2: Allgemeine Anforderungen – Sicherheit und Leistung; Deutsche Fassung EN 1846-2:2009+A1:2013; Stand Mai 2013

DIN EN 1846-3, Feuerwehrfahrzeuge – Teil 3: Fest eingebaute Ausrüstung – Sicherheits- und Leistungsanforderungen; Deutsche Fassung EN 1846-3:2013; Stand: November 2013

DIN 14502-2, Feuerwehrfahrzeuge – Teil 2: Zusätzliche Festlegungen zu DIN EN 1846-2 und DIN EN 1846-3 (Vorschlag für eine Europäische Norm) Stand: Dezember 2020

DIN 14555-3, Rüstwagen und Gerätewagen – Teil 3: Rüstwagen RW, Stand: 2016

DIN 14800-18 Feuerwehrtechnische Ausrüstung für Feuerwehrfahrzeuge – Teil 18: Zusatzbeladungssätze für Löschfahrzeuge; Beiblatt 9: Beladungssatz I, maschinelle Zugeinrichtung; Stand: November 2011

DIN EN 818-1, Kurzgliedrige Rundstahlketten für Hebezwecke – Sicherheit – Teil 1: Allgemeine Abnahmebedingungen; Deutsche Fassung EN 818-1:1996+A1:2008; Stand: Dezember 2008

DIN EN 818-4, Kurzgliedrige Rundstahlketten für Hebezwecke – Sicherheit –Teil 4: Anschlagketten – Güteklasse 8; Deutsche Fassung EN 818-4:1996+A1:2008; Stand: Dezember 2008

EN 12195, Ladungssicherungseinrichtungen auf Straßenfahrzeugen Sicherheit Teil 3: Zurrketten, Deutsche Fassung EN 12195-3:2001; Stand: Juli 2001

DIN EN 1492-2, Textile Anschlagmittel – Sicherheit – Teil 2: Rundschlingen aus Chemiefasern für allgemeine Verwendungszwecke; Deutsche Fassung EN 1492-2:2000+A1:2008; Stand: Mai 2009

DIN EN 13889, Geschmiedete Schäkel für allgemeine Hebezwecke – Gerade und geschweifte Schäkel – Güteklasse 6 – Sicherheit; Deutsche Fassung EN 13889:2003+A1:2008; Stand: Februar 2009

DIN EN 13414, Anschlagseile aus Stahldrahtseilen – Sicherheit – Teil 1: Anschlagseile für allgemeine Hebezwecke; Deutsche Fassung EN 13414-1:2003+A2:2008, Stand: März 2020

PAS 1061, Rundstahlketten für Anschlagketten – Güteklasse 10; Stand: April 2006

Technische Regeln für Betriebssicherheit Mechanische Gefährdungen – Allgemeine Anforderungen – TRBS 2111, Stand: März 2014

ROTZLER HOLDING GmbH + Co. KG, Robert-Bosch-Str. 4, D-79585 Steinen

HPC Maschinenbau GmbH & Co. KG, Gutenbergstr. 1, D-86356 Neusäß

PWT – Pomp Windentechnologie GmbH, Bergstraße 16, D-86476 Neuburg an der Kammel

Feuerwehrkran, Magirus-Deutz-Straße 12, D-89077 Ulm

FWnetz GmbH, Otto-Hahn-Str. 24, D-85540 Haar (Heavy Rescue Germany)

Lösungen

Lösungen zu Kapitel 1.5: 1. b); 2. a) und c); 3. b) und c)

Lösungen zu Kapitel 2.6: 1. b); 2. c); 3. a); 4. c)

Lösungen zu Kapitel 3.4: 1. b); 2. c); 3. c); 4. a)

Lösungen zu Kapitel 4.7: 1. b) und c); 2. b); 3. a); 4. c)

Lösungen zu Kapitel 5.4: 1. c); 2. b); 3. a); 4. c)

Lösungen zu Kapitel 6.6: 1. b); 2. c) und d); 3. a) und e)

Lösungen zu Kapitel 7.3: 1. a), c) und d); 2. a) und d); 3. a) und b); 4. c)